宇宙學雜談

第一季

常見名詞與常見星體

李景明　著

書　　　　　名	‖	宇宙學雜談
作　　　　　者	‖	李景明（筆名：星際建築明）
封　面　設　計	‖	李瑞萍
出　　　　　版	‖	超媒體出版有限公司
地　　　　　址	‖	荃灣柴灣角街 34-36 號萬達來工業中心 21 樓 2 室
出版計劃查詢	‖	(852) 3596 4296
電　　　　　郵	‖	info@easy-publish.org
網　　　　　址	‖	http://www.easy-publish.org
香 港 總 經 銷	‖	聯合新零售 (香港) 有限公司
圖　書　分　類	‖	流行讀物
國　際　書　號	‖	978-988-8778-11-9
定　　　　　價	‖	HK$88

前言

　　宇宙學雜談寫作和出版的初衷，是爲了整理一些星體的特徵，以方便朋友和自己進行各種類型的星空觀測，還有歸納總結一些宇宙學的新穎觀點，從而有助于科學知識的普及。不過隨著研究的深入，自己也聯想出大量有趣猜想，而這些有趣猜想，少部分是從第一季開始出現的，大部分是從第二季開始出現的。

　　本書采用了大量的原創手繪，對文案進行添磚加瓦，通俗易懂的文案可以讓大人們快速地理解天文學和宇宙學知識，同時有趣的手繪也可以讓小朋友們進行模仿，幷且在其上進行繪畫，從而促進家長和小朋友們之間的交流，更迅速地普及宇宙學知識，因此與其說本書是一本科普書籍，不如說是一本可以在上面進行繪畫的繪畫本，可讓朋友們在原有手繪的基礎上進行再創作，甚至在書友群當中進行交流和分享，因此可以說是老少皆宜的一本宇宙天文科普書籍。

　　由于天文學觀測百家爭鳴，數據各异，爲了務求行文簡潔，因此本書當中采用的部分天體數據，例如在手繪的星圖當中，天體距離地球多少光年，視星等多少等之類的，在不影響業餘天文觀測的前提下，均采用四捨五入的方法，所以大家不必爲精度而計較。另外，本書采用大量原創手繪作爲指引圖片，幷沒有放置天體的照片，大家可以邊看書，邊網上搜索天體的照片，會更加有趣，對某個或者某類天體的照片，網上能搜索到非常多，而且大部分都是彩色的。

本書的第一季，主要內容是常見的宇宙學名詞，太陽系天體以及全天 88 個星座當中天體的歸納和整理，行文簡潔易懂，筆者把紛繁複雜的天文學和宇宙學語言，解讀成一篇篇簡單有趣的文章，添加的輔助綫和關鍵詞，也能幫助大家快速地汲取天文學和宇宙學知識，配合手繪也能加深理解。從第二季開始，則從宇宙學基本原理逐漸過渡到交叉學科的探索研究。

　　筆者從事建築設計職業數年，擁有兩個建築設計相關的碩士，工作中經常要做建築方案手繪，而對于天文學和宇宙學，是從小就有的興趣，當初報考大學沒有選擇天文學和宇宙學作爲專業，而選擇了建築設計，一方面是因爲就業的原因，另外一方面是希望以業餘的心態去探索天文學和宇宙學，從而進一步豐富自己的業餘生活。當然也希望能够嘗試把宇宙學和建築學這兩門學科更好地交叉結合起來。

　　筆者認爲，宇宙學是一門交叉學科，它包容了一切宇宙當中的圖景，是各種學科的混合，僅僅對天體的特徵和原理的研究是遠遠不够的，事物是普遍聯繫的，對宇宙學的相關研究，其實最終可以上升到哲學的層面，例如人從哪兒來，又到哪兒去的問題，乃至到宇宙社會學等等的深層次問題。而我也相信，本系列書籍將會給各位讀者一些比較深層次的思考。

筆者

　　　　　　　2021 年 6 月　　于香港觀塘

目录

01 宇宙的方程組

　　各位書友大家好，歡迎大家閱讀宇宙學雜談這本書籍。那麼，為什麼我要把這本書籍叫做宇宙學雜談呢？因爲在這本書裏面，我會跟大家探討和解讀一些宇宙學和天文學上面比較有趣的問題，這些神奇而又有趣問題其實已經困擾了我們很多個世紀了。

　　在這些問題裏面，相信大家最感興趣的，可能就是關于外星人的問題，這個**外星文明**是否存在呢？一直都是困擾著我們很多年的一個問題來的。那麼接下來我就跟大家講一個小故事，希望能够增加大家對**宇宙學**的興趣吧。有一天，這個小明同學，哈又是小明，他來到了學校的飯堂裏面吃飯，然後吃著吃著，就看到了他的好同學，長河同學，也來到了飯堂裏面吃飯，這個長河同學是學天文學的，是**天體物理**的研究生，然後呢，這個小明同學是學建築學的，他最近因爲熬夜畫圖太嚴重了，所以眼上長了不少黑眼圈，然後呢就跟這個長河一起吃飯，這個長河同學就嚇唬他說：哎呀，你看你的黑眼圈，這麼嚴重，我用望遠鏡看了那麼多年星星都還沒你這麼嚴重噢。

　　小明同學說道：哎呀，你就別開玩笑啦，我想，你也不是經常用光學望遠鏡看星星的吧，有的時候可能會用**射電望遠鏡**的吧。長河同學說道：哎，射電望遠鏡，你想得好啊，這個射電望遠鏡可是幫了我們不少忙啊，你想一下，我們人的肉眼，看宇宙當中的星星，只能够看到它的**可見光波段**的這個部分。小明同學說道：對，這個可見光，僅僅只是**電磁波**的一個部分嘛，電磁波還有其他別的部分嘛，什麼紅外線呀，紫外線呀，X射線呀，伽馬射線呀，微波呀之類的。長河同學說道：對，你知道，我們這個射電望遠鏡，就是用來觀察可見光以外的波段的，換句話就是說呢，宇宙當中一些星星，用人的肉眼是看不到什麼顏色的，但如果用射電望遠鏡的話，就可能看得到它其實是發射著各種各樣不同頻率的電磁波。小明同學說道：對，現在我猜，如果這個射電望遠鏡接收到了一個電磁波，是有一定規律的，那究竟說明瞭什麼？

長河同學說道：哦？有一定規律的？那不是說明這個電磁波是被調製過的嗎？既然被調製過的，那不就說明瞭是**外星文明**所發射出來的嗎？然而我用了這麼久射電望遠鏡，都沒有接收到這種電磁波喲。小明同學說道：嗯？你這麼說的話，那是不是說明宇宙當中沒有外星人呢？這可不一定。我推薦你回去看一條叫做**德瑞克方程**的公式吧。

小明吃完飯，就打開了手機，開始搜索著這一條神奇的公式。他發現那是一條推斷**外星生命**究竟是否存在的公式，是由美國天文學家德雷克提出來的。

小明決定解讀一下這條公式，首先，這個方程有一個很重要的乘積 N，它代表著我們在**銀河系**裏面可以溝通的文明的數量，那麼這個乘積 N，是由各種各樣不同的因素相乘而得出來的，那麼這些因素有好幾個。

第一個因素，是在銀河系裏面**合適的恒星**的形成速度，這個是跟星雲氣體的坍塌數值有關的。科學家假設每年在銀河系裏面有大概 20 顆合適的恒星誕生了。于是 R=20

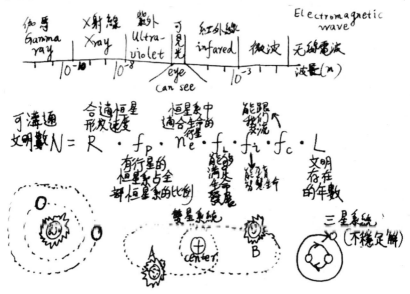

那麼第二個因素，就是有行星的那些恒星系，占全部恒星系的比例，天文學家認爲，在銀河系裏面，有一半的恒星系是存在著行星的，換句話就是說，有一半的恒星系，裏面是沒有行星的，爲什麼會沒有行星呢？很有可能是這些行星在形成穩定的軌道之前，被這個恒星吞掉了，或者是**逃逸**出去了都有可能。還有另外一種可能，就是這個恒星系裏面有兩顆恒星，就是**雙星系統**，就是兩顆恒星是互相圍繞著公轉的，甚至還有三顆一起的，這叫**三體系統**，在這些系統裏面都是很有可能不存在著行星的。我們讀過**科幻小說**的人可能都聽過恒紀元和亂紀元（具體參見劉慈欣科幻小說作品《三體》），說的就是行星在三體系統裏面運行，是非常不穩定的，是非常不規則的。所以這個係數 fp=0.5（有一半的恒星系，裏面沒有行星）

接下來我們來看看第三個因素，現在，假設這個恒星系裏面已經有行星了，但是這個**行星距離恒星**太近也不行，太遠也不行，就像是地球距離太陽不能太近，也不能太遠一樣，正是因為地球的這個位置這麼巧合，溫度濕度各方面都比較合適，地球上面才有了生命，那麼這個因素是數目，取 1 個，就像我們的太陽系一樣，只有地球這個行星的位置是剛剛好的，是適合于形成生命居住的環境的。所以這個係數 n=1

我們再來看看第四個因素，如果這個行星的距離，已經是在恰當的軌道上面，但還不行，這個行星還必須要滿足生命的進化發展，這個生命可以是沒有智慧的，也可以是有智慧的，要讓一個運行在恰當軌道上面的行星**形成生命**，有各種各樣的辦法。其中可以是通過進化或者是人工繁衍，現在科學家認為這個火星上面還可能存在著生命，所以在太陽系當中，能夠滿足讓**生命進化**發展的行星，可能不止地球一個，可能有兩個，所以科學家就認為這個係數是五分之一，就是如果一個恒星系裏面有十顆行星的話，那麼保守估計就會有 2 顆行星存在著生命，而這種生命可以是沒有智慧的生命，例如一些單細胞的生命等，也可以是有智慧的生命。所以這個參數 f(L)=0.2

而第五個因素，則是在有生命的行星上面，能夠進

4

一步孕育**智慧生命**的概率，科學家們普遍認爲這個參數是 1，認爲有生命就會有智慧出現，于是 f(i)=1

接下來我們再來看看第六個因素，第六個因素，是在第五個因素的基礎上面建立起來的一個因素，現在，這個行星上面已經有**智慧生命**發展起來了，但是，它究竟能不能達到一定的科技，并且跟我們交流呢？這裏就存在著一個概率的問題，科學家把這個**概率係數**設定為 0.5，就是說，銀河系裏面保守估計只有一半的這種生命，能够發展他們的科技，并且試圖與我們交流。好比如，那些猩猩，鯨魚，猴子，雖然也有智慧，但他們卻不能發展他們的科技。所以這個參數 f(c)=0.5。

而到了最後還有一個係數 L，是代表著那些有智慧的，可以交流的文明所存在的時間的長短。

好，那麽最後我們把 N 等於這個 20 乘以 0.5 乘以 1 乘以 0.2 乘以 1 乘以 0.5 再乘以 L，我們會驚訝地發現，N 居然等於 L，換句話就是說，在銀河系裏面，智慧的可以溝通的文明的數量，就等于這樣子的文明存在的年數，就好比如，一個文明如果存在了一萬年的話，那麽這個文明可以溝通的文明數量就有一萬個了。但是，這看上去并不符合現實的情況，因爲我們好像連一個外星文明都沒有發現得到，有點神奇。

小明心裏想，究竟是為什麼呢？是不是因爲他們的科技太過落後了，無法跟我們交流呢？又或者說他們的科技實在是太先進了，而不想跟我們交流呢？這些都是很有可能的喲。小明繼續研究下去，發現這其實涉及到一個叫做**費米悖論**的問題，他決定下一次有機會要研究一下這個費米悖論。

　　接下來，小明看著窗外那美麗的晚霞，他感慨到，在一個恒星系裏面要形成智慧的生命，真的是不簡單，首先，要在銀河系的恰當位置上面形成一個恒星，而且這個恒星系還要有行星的存在，然後，行星存在了還不行，還要讓行星的各種參數，好比如是距離這個恒星不能太遠也不能太近等之類的參數，這種參數，要適合于形成生命才行，然後形成了生命之後，這些生命還要進化發展，並且發展他們的科技，並且嘗試與**宇宙空間**進行交流，這樣看來，要找到外星文明，真的是難上加難啊（所以外星文明可能是不存在于我們的維度中的）。那麼我們下一節繼續。

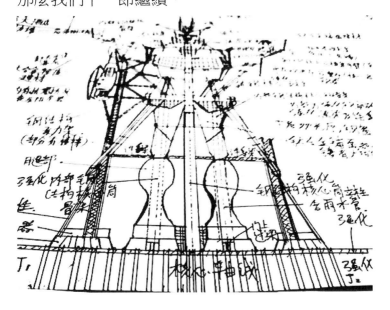

02 外星人在哪兒

在這一節，我們就接著上一節的故事。小明來到圖書館，開始理解著一切有關**費米悖論**的問題。小明發現之所以我們還沒有發現**外星生命**，是有原因的。

第 1 種原因，就是他們的科技太落後了，所以還無法發送無綫電波，跟我們進行交流。或者還沒有辦法進行**星際航行**，當然也就沒有辦法被我們發現。

接下來我們再看看第 2 個原因，就是外星文明的科技，雖然比我們要先進，但是，他們却不想跟我們進行任何的交流，這就好比如我們人類文明跟一些螞蟻文明和蜜蜂文明一樣，雖然我們能够認知到他們的存在，但是他們并沒有對我們造成什麽特別大的威脅，所以我們就可以不怎麽管他們了咯，這其實是跟一些外星文明看我們是一個道理，說不定那些麥田圈和 UFO 的事件，其實就是一些科技比較高的外星文明（或者更高維度的天使和文明）來觀察我們的。所以，按照這種假說來說的話，并不是外星文明不存在，而是他們的科技水準比我們要高，所以他們可以完全在我們沒有任何察覺的情況下，悄悄地出沒。

接著，我們來看看第 3 個原因。根據費米悖論，當一個文明的科技發展得越先進的話，他們有可能因爲相互之間的戰爭而導致了毀滅，而我們之所以找不到這些外星文明，是因爲他們早就已經滅亡了。這裏可以舉一個例子，在非洲，有一個叫做**奧克洛鈾礦**的地方，這個地方發現了 20 多億年前的核反應爐，這個核反應爐的運轉時間長達 50 萬年之久，所以有的人就猜測，是不是在我們這一代人類文明之前，還有很多很多代人類文明呢？其實在一些考古著作裏面也記載了很多關于**史前時代**的文物，這些文物有著高超的科技，好比如是一些製作工藝非常精細的工具（出土的精美工藝品等），或者是純度非常高的金屬之類的，很多**未解之謎**的書裏面也有說，所以，這些外星人很有可能已經滅絕，而且滅絕了可能有好幾萬年了。

接下來我們再來看看第 4 個原因，這個原因，就跟電磁波有關了，我們來想一下，有沒有一種可能，就是在我們人類文明還沒有誕生之前，或者說，我們人類還沒有發現電磁波之前，外星文明就曾經發過一些電磁波過來我們地球呢？這是很有可能的喲。所以我們可能已經錯過了很多電磁波的信號，其實到了現在，我們也很有可能錯過了一些無綫電波信號，畢竟我們很難讓全世界的所有**射電望遠鏡**都同時覆蓋整個天空，而且很可能你的射電望遠鏡剛剛接收到了那個範圍，幷沒有任何外星文明的無綫電波訊號，但是說不定，下一秒鐘，外星文明發送的無綫電波剛好到達地球，但悲催的是，你的射電望遠鏡却剛剛好離開這個範圍，哎呀，這一錯過的可能就是好幾十萬年之前的資訊呀，畢竟電磁波在宇宙當中是以光速傳播的，這錯過的可能就是幾十萬光年之外的一個行星上面的外星文明所發射出來的訊號，換句話就是說，這個無綫電波是幾十萬年之前發出來的，然後今天才到達地球的。此外這個**射電望遠鏡**還有一個靈敏度和解析度的問題，如果靈敏度和解析度不夠高的話，那麼就算你的射電望遠鏡剛剛好接收到外星文明的無線電波訊號，可能也不會察覺到什麼異常。

接下來我們再來看看第 5 個原因，這種原因，在一些未解之謎的書裏面也有說，就是地球上面曾經有外星人來拉過地球人一把，然後又走了，好比如是采黃金的**阿努納奇人**，有的科學家認爲，這個阿努納奇人，其實已經離開了地球了，在很多原始人的文字記錄裏面，都把這些外星人當作是神靈，這是因爲，外星人的科技，相對他們來說要發達得多。換句話就是說，地球其實已經被外星人拜訪過了，只是原始時代的人不太懂而已（筆者認爲這些阿努納奇人可能是以前火星上的居民，後來因爲某種原因火星居民走了）。

接下來我們再來看看第 6 個原因，根據著名科幻小說《三體 2》當中的**黑暗森林法則**，宇宙就是一座黑暗森林，每一個宇宙文明都是帶槍的獵人，就像是一個幽靈一樣潛行在這個森林裏面，就連呼吸都小心翼翼，然後這個獵人必須非常地小心，因爲在這個森林裏面，到處都有跟他一樣潛行的宇宙文明，如果一個宇宙文明發現了別的宇宙文明，能做的只有一件事情，就是消滅它，所以在這種黑暗森林裏面，別的文明就是永恒威脅，任何暴露自己存在的文明都將很快被消滅，這也解釋了我們爲什麼還沒在宇宙的其他地方發現外星文明，他們都很好地把自己隱藏起來。

接下來，我們再來看看第 7 個原因，這個原因，跟宇宙的模型是有很大關系的，根據**暴脹宇宙模型**，宇宙是不斷地膨脹的，假設在這個**膨脹的宇宙**裏面有一個 A 文明，而在另外一邊有個 B 文明，這個 A 文明向這個 B 文明發送電磁波訊號，嘗試與另外一個文明進行交流，好啦，那麼問題來了，如果這個宇宙的膨脹速度太快了，以至于這個從 A 文明發射出來的無綫電波，無論經過多少光年，都沒有辦法到達 B 文明，在這裏面，光年是**長度單位**，是計算光在宇宙真空當中沿著直綫傳播了一年的距離。所以這個原因是基於宇宙膨脹假說的。（物理學家阿蘭古斯提出暴脹一詞）

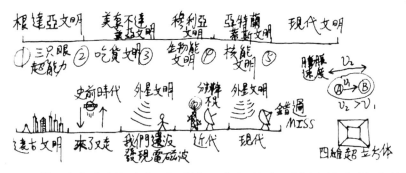

接下來我們再來看看第 8 個原因，就是著名的**大過濾器**假說，這個假說最早由羅賓漢森提出，這個假說認為，每一個宇宙文明從原始社會發展到高科技社會，都會遇到好幾堵牆壁，來阻擋著他們智慧生命的發展，而我們人類很巧妙地跨越了進化之墻，邁進了高科技的時代，然而，別的文明可能就沒有這麼幸運了，有的文明可能永遠處于刀耕火種的階段，這也可以解釋爲什麼我們還沒有發現外星人的存在，這是因爲他們還沒有跨越這些墻壁，這就是第 8 個原因，是基於大過濾器假說的

（類似策略遊戲的時代分隔）。

接下來我們再來看看第 9 個原因，是基於**宇宙荒野**假說的，這個假說認爲宇宙就像是一片荒野，我們人類只是生活在其中一片角落，而不排除某些角落存在著很多的**宇宙文明**，但這些宇宙文明，很有可能是最近這幾千年才發展起來的，因爲距離實在是太遙遠了，再加上光速的限制（大概是每秒鐘 2.9979 億米），所以他們發送過來的無綫電波，也要等到很多年之後才能够到達地球，而我們的**射電望遠鏡**也要等很多年之後才能夠觀察到他們的存在。

接下來我們再來看看第 10 個原因，這個原因認爲，外星人的通訊方式，幷不是使用電磁波的，而是采用引力波、暗物質、暗能量等的技術（可能是更高維度的先進科學技術），因此，在這個宇宙裏面，很有可能有很多這種活動的訊號存在，但是由于這種活動的訊號太過于高科技了，所以我們沒有辦法接收得到。這就好比如現在的人都用電腦和手機了，然而小明還在用嘀嘀嘀的**電報機**一樣，所以是接收不到的。

接下來我們來看看第 11 個原因，這個原因是跟**高維空間**假說有關的，這個假說認為，外星人並不是存在於我們三維空間的，而是存在於四維空間以上的空間，好比如，在一些 UFO 的案例裏面，這些 UFO 是突然消失在天空當中的，那麼，它是不是穿越到四維空間去了呢？因此這些外星文明（或者說更高維度的生命形態）就可以隨便駕駛著他們的太空船，隨便進入我們的三維空間，然後又隨便地消失掉，這種假說也正好解釋了我們爲什麼還沒有發現外星文明。小明覺得他對這個高維空間假說最感興趣，決定接下來要好好研究一下。那麼我們下節繼續。

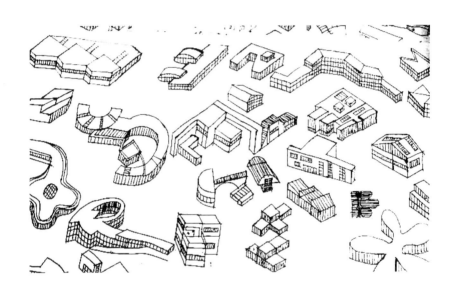

03 四維空間分析

　　這一節，我們就來討論一下有關於**四維空間**的問題，首先，我們要區分兩個詞語，一個是時空，一個是空間。時空，包括時間和空間，而空間就是空間。我們都知道，我們生活在**三維空間**當中，我們所看到的一切，基本上都是可以用 XYZ 軸的空間直角坐標系去表達，那麼有的人就問了，你看，0 維空間是一個點，1 維空間是一條線，2 維空間是一個面，3 維空間是一個體，那麼，4 維空間究竟是什麼呢？於是，一些人就嘗試從這個 0 維，1 維，2 維，3 維空間裏面，來猜測 4 維空間的特徵。

　　接下來我們來看看**四維空間**的第一個特徵。我們先從我們最熟悉的 0 維空間也就是一個點開始說起。一個點，通過不改變它的方向進行疊加的話呢，就可以形成一條直綫，如果**改變方向**進行疊加就可以形成一條曲綫。好，然後一維空間的綫，如果不改變它的方向進行疊加，可以形成一個平面，如果改變它的方向進行疊加，就可以形成一個曲面了。接下來，一個**二維空間**的平面，如果不改變它的方向進行疊加的話，就可以形成一個立體，如果改變它的方向進行疊加的話，就可以形成　個被扭曲的立體，學建築學的同學都應該知道，在建模的時候，一個平面通過不斷地改變它的方向和大小進行疊加的話，是可以形成一個建築的。好啦，那麼三維空間通過疊加，是不是也可以形成四維空間呢？而且，在這個疊加的過程當中，很有可能這個三維立體的體積是可以不斷地發生變化的，那麼這些三維體之間有沒有可能相切、相交或者是內含呢？如果真的是有的話，那麼會不會存在著捷徑呢？就是瞬間移動或**空間穿越**呢？而這種穿越的方式，是不是就是蟲洞呢？這個蟲洞（愛因斯坦-羅森橋），是不是連接一個三維體和另外三維體的四維空間通道呢？

接下來我們來看一下**四維空間**的第二個特徵，我們都知道，一條綫的側投影，可以是一個點，平面的側投影，可以是一條綫，一個立體的側投影，可以是一個平面，那麼，四維超級體的這個側投影，究竟是不是一個三維立體呢？那麼，有什麼東西是可以投影出一個建築出來的，那麼這個東西就是四維空間的東西了。這看上去似乎有點難以想像。

那麼我們就來看一下第三個特徵，我們來想像一下，一個二維的平面，如果用一條切綫去切的話，分開的，是兩個平面，而這個切綫跟這個平面發生摩擦的地方呢，可以是各種不同長度的綫段。同理，如果我用一個二維的平面去切一個三維的立體，那麼分開的也是兩個三維的立體，而這個二維的平面和這個三維的立體發生的摩擦的地方，可以是各種不同大小的平面。那麼接下來有好玩的了，如果我用一個三維的立體去切一個四維的超級體，那麼分開的，就是兩個（可能有更多）四維的超級體，而這個三維的立體和這個四維超級體，發生摩擦的地方，可以是各種體積不一樣的立體。像一些人看到UFO 會變形，但是其實並不是 UFO 真的在變形，而是因為這些 UFO 其實是**四維空間**裏面的飛行器，然後這些四維空間的 UFO 不斷地在我們的三維空間當中旋轉，所以呢，就不斷地被我們的三維空間所切割，就不斷地得到各種各樣不規則的切體，而這些切體，可以不是實體，甚至可以是**等離子體**之類的。

接下來就來看看四維空間的第四個特徵。我們知道，點是綫的一個部分，綫是面的一個部分，面是體的一個部分，所以，三維的立體是四維超級體的一個部分。

接著我們再來看看第五個特徵，我們都知道，一條綫段有一個側點，一個平面有一條側綫，而一個立體有一個側面，那麼一個四維的**超級體**，是不是也有一個三維的側體呢？有可能，而且，我們的宇宙很有可能僅僅只是四維超級宇宙的一個側體而已，而這個四維超級宇宙，還有很多個側體，說不定就是各種各樣不同的宇宙了，而我們要從其中一個側體去到另外一個側體，是不是要通過蟲洞、白洞或者黑洞呢？

接下來再來看看第六個特徵，這個特徵就比較有趣了，我們來想像一下，一張紙有正面和反面，然後呢，上面有個螞蟻在走，而且這個螞蟻是永遠朝著一個方向走的，是不會倒退的，然後，你不能讓這個螞蟻從紙的正面，通過邊緣去到反面，那麼怎麼做才能讓這個螞蟻回到原點呢（需要走完整張紙的正反兩面），只有一種辦法，就是把這個紙條的一端扭轉 180 度再和另外一邊連起來，這樣子就形成了幾何學上面著名的**莫比烏斯環**。然後這個螞蟻不斷會在這個莫比烏斯環上面回到原點，而且還會不斷地走啊走啊走，也不知道繞了多少圈，最後悲催的，他沒有力氣了，然後這個螞蟻在想，哎呀，為什麼我走了這麼久都還沒走完啊，真是搞笑。所以說，這個莫比烏斯環，就欺騙了那些不懂三維空間的生物。

那麼，究竟有沒有一種東西是欺騙了我們不懂四維空間的呢？答案是有的，那就是大名鼎鼎的**克萊恩瓶**，根據莫比烏斯環的規律，我們可以推出一些關於克萊恩瓶的規律。剛才說了，這個螞蟻在莫比烏斯環上面沿著一個方向不斷地走，最終會回到原點。現在，假設我們的宇宙是一個克萊恩瓶，如果現在一艘太空船在克萊恩瓶上面，沿著空間不斷地往一個方向飛，最終是不是也會回到原來的地方呢？這個確實有點難以想像，你可以想像一下，既然這個太空船是不斷地往前進的，它怎麼又有可能回到原來的地方呢？實際上，這個克萊恩瓶只存在于四維空間當中，在三維空間當中是畫不出來的（目前也有關于克萊恩瓶的**玻璃工藝品**，有興趣的可以網上買一個回家擺擺）。

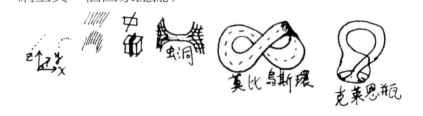

接下來我們再來看看第七個特徵，現在，如果我給你一條繩子，這條繩子在相距比較遠的兩個地方，分別點上了一個藍色和一個黑色，如果讓你把繩子上面的藍色和黑色的點碰在一起，你會怎麼做呢？很簡單，把繩子彎曲起來就可以了，但是，有沒有想過，你在讓這個藍色和黑色的點碰在一起的過程當中，其實是在空間當

中走了一段距離，乾脆我們把這段距離看成是一條虛的直綫。那麼同理，在一個平面上面的相距比較遠的兩個地方的兩條綫段，如果想要碰在一起的話，只要把這個平面彎曲起來就可以了，而這兩條綫段在空間當中其實是走了一個虛的平面出來。同理，在三維立體當中，兩個相距比較遠的平面想要碰在一起的話，只要把這個三維立體彎曲起來就可以了，而這兩個平面，在空間當中其實是走了一個虛的立體出來。那麼接下來就有好玩的了，根據前面的原理，在四維空間當中，兩個相距比較遠的三維立體，想要碰在一起，只要把這個四維空間彎曲起來就可以了，而兩個三維立體，在四維空間當中其實是走了一個虛的**四維超級體**出來，那麼這個虛的四維超級體，很有可能就是蟲洞了。

接下來我們再來看看第八個特徵，我們都知道，在一個二維的平面上面畫一個圓，在這個圓裏面放一個東西，如果我們要在二維空間當中拿出來的話，就一定要穿過這個圓周，因爲在二維空間當中是不允許在 Z 軸（垂直方向）上面有運動的，但是如果在三維空間當中我們就可以很輕易地拿出來了。同理，我們在一個三維空間當中做一個籠子，在這個籠子裏面放一隻生物，如果我們要在三維空間當中拿出來的話，就一定要穿過籠子的其中一個面，但是，如果在**四維空間**當中，我們就可以很輕易地直接拿出來（科幻小說當中的穿牆術）。

接下來我們再來看看第九個特徵，我們知道，一條綫圍繞著它的中點旋轉，可以形成一個圓，也就是一維空間繞著**零維空間**旋轉可以形成一個二維空間，那麼這個圓如果繞著它的直徑旋轉的話，就可以形成一個球，也就是說，**二維空間**繞著一維空間旋轉，可以形成一個**三維空間**，那麼，如果這個三維的球，繞著它裏面最大的那個圓來旋轉的話，是不是可以形成一個四維的超級球呢？其實這種旋轉是沒有辦法在三維空間當中實現的，但在四維空間裏面就可以實現了。那麼這個四維的超級球究竟長什麼樣呢？就留給大家慢慢思考了。

我們再來看看第十個特徵，一條綫和一條綫相交可以交出一個點，一個面和一個面可以交出一條綫，一個立體和一個立體相交可以交出一個平面，那麼，兩個**四維超級體**相交就可以交出一個**三維的立體**了。

說到這裏，相信大家對四維空間都有了一個更加深入的認識，那麼下一節，我們就來探討一下時間。

04 時間與相對論

　　這一節，我們就來研究一下時間究竟是什麼東西。相信很多人都知道，時分秒和年月日等單位系統，對我們的日常生活幫助是非常大的，有了這些時間單位，我們的生活作息就變得更加有規律了，那麼這些時間單位，還可以用來描述物體的運動和變化，而且，這些時間單位必須是統一的，客觀的，爲什麼說一定要客觀呢？好比如，有的人他覺得今天的時間過得太快了，這是因爲他今天一整天都在打游戲，但是有的人又覺得今天的時間過得太慢了，這是因爲他今天一整天都在做無聊的事情，這些主觀上面的量度，顯然是不符合量度事物的要求的。所以必須有一些客觀的統一的量度時間的單位才行，所以後來時分秒和年月日等單位系統就建立起來了。

　　甚至到了後來，爲了保證時間單位的準確度，還利用了一些物質的規律，對**時間單位**進行定義。好比如，在國際上，一秒相當於銫 133 原子基態的兩個超精細能級之間，躍遷震盪輻射 91 億 9263 萬 1770 個週期的**持續時間**。可能有的人看不懂，不過沒關係，我們來看看銫原子鐘，**銫原子鐘**就是按照這種原理來製成的，銫原子鐘的穩定性和精確度非常高，最好的銫原子鐘，2000 萬年，誤差只有 1 秒鐘，不過，一般原子鐘只用于科研領域，在我們的日常生活中，沒有必要用這麼高精度的原子鐘，用一般的石英鐘和機械鐘就可以了，所以可以這麼說，我們對時間是非常的敏感，這種敏感很多人都深有體會，好比如是考試寫到最後一道題的時間，一看手錶，居然還有一分鐘就要交卷了，這時候的滋味，相信言語是沒有辦法形容出來的，在這個時候，你肯定想讓時間變慢一點，但其實是不太可能的，這是因為，外面課室的時鐘相對於你的手錶來說，速度為 0，相信這裏，很多人都知道接下來要講什麼了。

沒錯，就是**相對論**，根據愛因斯坦的相對論，如果 A 物體相對於 B 物體來說運動速度越快的話，那麼 A 物體相對於 B 物體的時間流逝就越慢，在物理學上面，這也叫做**時間膨脹效應**，按照這種效應的話，如果小明坐了 100 年的火車，那麼他相對于外面那些不坐任何交通工具的人來說，時間要慢上幾十秒鐘，那麼如果小明不坐火車了，他去乘坐貼地飛行的**超音速的飛機**，那麼 100 年之後，他相對于外面那些不坐任何交通工具的人來說，時間就要慢上**幾十分鐘**，這看上去似乎微不足道，但是到了以後的**星際航行時代**的話，就可能會有達到光速十分之一的太空船，到了那個時候，如果你越有錢，你就能够乘坐上越快速的太空船，或者說，你乘坐這種太空船的次數會越多，而到了那個時候，你會經常發現你的手錶，流逝得比外面的世界要慢一些，所以，你就要經常去校準你的手錶，而且，你會很快發現，坐高速交通工具比你次數要少的人，衰老得會比你要快，因此說，你就相對于外面的人就顯得更長壽了，確實是挺有趣的。

那麼好了，我們說回現在，現在究竟有沒有時間和速度的相對論效應的廣泛運用呢？答案是有的，就是我們平常開車用的 **GPS 導航系統**，我們都知道，運行在地球軌道上面的 GPS 衛星，它們的速度，相對于地球表面來說要快一些。所以,根據相對論,由于速度的差异,這些地球軌道上面GPS衛星的時間,每天都要比在地球表面上的**基站的時間**要慢7微秒,而且這個誤差是會累積的(積少成多,聚沙成塔)。

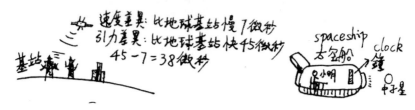

　　好了,問題來了,在實際上,每天GPS衛星和地面基站的時間誤差,不止7微秒這麼小,這究竟是為什麼呢?這是因為,時間不僅僅跟速度有關系,而且還跟**引力場**有關,根據廣義相對論,一個物體A,它所受到的引力相對於物體B來說要大的話,那麼,這個A物體的**時間流逝**就相對於B物體來說要慢一些。我們都知道,這個GPS基站在地球的表面,所以受到地球的引力就比在軌道上面的GPS衛星要大,因此,由於所受引力的差異,每天這個GPS基站的時間,就相對比GPS衛星來說慢45微秒了,于是我們可以發現,**引力差異**對時間所造成的影響,比速度差异對時間所造成的影響要大一些(對這個例子來說),于是,綜合速度差异和引力差异對時間造成的影響,最終的結果就是,軌道上面的GPS衛星,每天都要比地球表面上基站的時間要快45-7=38微秒,千萬不要少看這38個微秒的誤差,這個誤差,會導致**GPS系統**每天會有10公里的定位誤差,會嚴重

影響人們的使用，所以 GPS 衛星在發射之前就已經調整了它的時鐘頻率，讓時鐘在軌道上面運行的時候可以走得慢一點。

好了可能有的人看到這裏，就會想：如果我以後可以乘坐高速的太空船，去一些超大的質量的恒星或者黑洞附近公轉一下的話，那我的時間不就相對于別人的時間來說流逝得要慢了嗎？那我不就顯得相對比外面更長壽了嗎？畢竟外面的時間相對于我的時間來說是流逝得要快的，可謂天上方一日，人間已千年。

科學家研究發現，由于地球的引力影響，所以，地球上面的時鐘，每 300 年就要慢 1 微秒，但因爲整個地球表面上的時鐘基本上都是這樣子慢的，所以**相對來說**就不需要怎麼調了，反而在以後的**星際殖民時代**，因爲每一個不同的行星或者是空間站，他們所受到的引力都是不一樣的，所以就會造成一些時間上的誤差了，所以那個時候就需要去調整了。

接下來舉一個比較有趣的例子，現在，如果在黑洞的附近，有一艘飛船，裏面有一個人在做體操，那麼對于他自己來說呢，做體操的節奏和動作，跟在地球上面是沒有什麼區別的，也不會太慢也不會太快。但是，因為**引力的相對論效應**，所以，我們地球上面的人，看到他做體操的這個節奏是非常慢的，也就是說，他在那邊可能只做了一分鐘的體操（這個一分鐘是這個做體操的人的時間），但是我們（地球）這裏可能都已經經歷了很多年了都有可能。好了，現在這個做體操的人他不做體操了，他來觀察我們（地球），那他會看到什麼景象呢？

他會看到我們這邊就像是**放快鏡**一樣的，我們的動作，都不知道被加快了多少倍，而且，他還能夠很快地看到我們的未來，這是爲什麼呢？這是因爲他在黑洞附近的時間，相對於我們來說流逝得要慢，換句話就是說，我們的時間流逝得相對比他們來說要快。可見，時間跟速度和引力的關係是非常大的，我們之所以沒有怎麼察覺到，是因爲在我們生活的空間裏面，引力的差异和速度的差异，幷不是很大（這種差异幷不影響正常生活）。

好了，我們回到小明的考試還剩下最後的 1 分鐘，如果他想讓時間變慢一點，有什麼辦法呢？首先，我們來想一下，究竟是誰的時間相對于誰的時間變慢了呢？可能有的人都猜出來了，就是這個課室黑板上面的鐘的

$$地球時間 \longrightarrow \Delta t = \frac{\Delta t_0}{\sqrt{1-\left(\frac{v}{c}\right)^2}} \longrightarrow 飛船固有時間$$

$$v 為飛的的速度，c 為光速.$$

$$v\uparrow \quad \frac{v}{c}\uparrow \quad \left[1-\left(\frac{v}{c}\right)^2\right]\downarrow \quad \Delta t\uparrow$$

時間，相對于小明的手錶來說要慢，那麼，究竟有什麼辦法呢？我們先來看看速度，根據相對論，只要課室黑板上面的那個鐘的速度，相對比小明手錶的速度要快得多，就可以了，但這肯定是不行的，你看鐘都飛出去了，還考什麼試呢？

我們再來看看引力，根據相對論，我們只要讓這個黑板上面的鐘所受到的引力，比小明的手錶要大就可以

了，這種情況會出現在什麼地方呢？可能只會出現在黑洞或者中子星附近的一艘太空船上面的一間課室裏面，并且讓這個黑板上面的鐘，距離這個黑洞或者中子星要近一點，從而形成一種**引力梯度**（前提是小明不能飛出去哦），可見這種條件是多麼的苛刻。

　　那麼下一節，我們就來探討一下時間旅行問題。

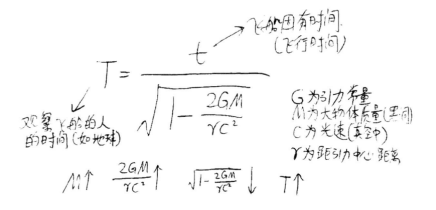

$$T = \frac{t}{\sqrt{1 - \frac{2GM}{rc^2}}}$$

飞船固有时间
（飞行时间）

观察飞船的人
的时间（如地球）

G 为引力常量
M 为大物体质量（里同）
C 为光速（真空中）
r 为距引力中心距离

$M \uparrow$　$\frac{2GM}{rc^2} \uparrow$　$\sqrt{1 - \frac{2GM}{rc^2}} \downarrow$　$T \uparrow$

05 時間旅行問題

在上一節討論了時間的相對論問題，以及這個 GPS 系統是怎麼運用相對論的，我們探討了速度和引力對時間的一些重要的影響。好比如根據相對論，如果你想快點到達地球的未來，你可以乘坐相對地球的速度要快得多的太空船，去宇宙的深空當中旅行一下回來，很可能雖然你旅行了只有幾天，但當你回來地球之後，就會發現，地球上的時間已經過了好幾千年了，這是因爲你在乘坐高速太空船進行宇宙旅行的時候，地球的**時間流逝**相對比你來說要快得多。

除了速度這個因素之外，還有引力這個因素，如果，你想快點到達地球的未來，你還可以駕駛著太空船，來到大質量的星體附近，好比如是黑洞或者中子星的附近，并且圍繞著這些星體公轉幾圈，然後再返回地球，你一樣會發現，地球上面的時間可能已經過了好幾千年了。那麼在這裏，我們就提到了一種快速到達地球未來的方法，就是通過**乘坐太空船**來實現的，在日後，只要我們能够建造一艘速度超快，甚至于接近到光速的太空船，這樣子，我們僅僅在宇宙當中航行幾個星期，并且去一些大質量的星體附近公轉一段時間，回來地球之後，可能就會發現地球的時間已經是好幾千年之後了。于是，我們就相當于通過高速的太空船飛進了未來，那麼這樣子看來，想要快速地到達自己的宇宙的未來，看上去似乎是可能的，並不一定需要通過時間隧道或者**時光機**（例如多啦 A 夢的大雄的書桌裏面那種）。

那麼回到過去，究竟可不可能發生的呢？在這裏，我們舉一個很有趣的例子，來說明這個問題。如果，小明出生在 2000 年，然後，這個小明如果他可以夠長命活到 100 歲的話，就是來到了 2100 年的話，然後，那個時候居然有了時光機，于是小明在 2100 年，就乘坐**時光機**回到了 1800 年，幷且找到了他的爺爺的爺爺的家，幷且跟他的**爺爺的爺爺**交上好朋友，他發現，自己的爺爺的爺爺居然快要結婚了，小明一看，發現自己的爺爺的爺爺的女朋友，長得不好看，于是小明推薦了一個長得更漂亮的女朋友，給自己的爺爺的爺爺，最後居然導致自己的爺爺的爺爺，跟另外一個女朋友（小明推薦的那個）結婚了，那麼，這樣子的話，如果小明重返到自己的年代之後，小明還是原來的小明嗎？小明究竟會消失嗎？而這個假說，就叫做**爺爺悖論**，跟**外祖母悖論**是有一點類似的，那麼，如果小明回到了自己的宇宙之後，發現自己還沒有消失的話，那麼恐怕只有一種可能，就是小明之前所乘坐的**時光機**，其實是讓小明回到了一個跟自己的宇宙非常類似的宇宙的過去，而一些科學家就把這些非常類似的甚至于是相同的宇宙，就稱爲**平行宇宙**。而這個平行宇宙，跟小明原來的宇宙，是沒有任何關係的，所以，在這裏，小明所回到的過去，只不過是一個平行宇宙。當他回到了自己的宇宙之後，幷沒有發現自己的宇宙有任何的變化。

　　在這裏，我們得出了一個神奇的結論，就是小明如果乘坐**時光機**，回到了自己的宇宙的過去，改變了歷史，然後再重返自己的宇宙的未來，根據爺爺悖論，就會産生**時空矛盾**，所以是不可能的。但是如果小明回到了一個跟自己的宇宙很類似的平行宇宙的過去，然後又重返到了自己的宇宙，這樣子就不會產生時空矛盾了。所以說**時間旅行**這些問題都是非常有趣的，有興趣的朋友可以自己做一下思想實驗。

但是，有沒有一種可能，其實小明回到了一個跟自己的宇宙很類似的平行宇宙的過去，然後又重返到了另外一個跟自己的宇宙很類似的平行宇宙的未來。換句話就是說，他可能永遠都回不了自己的宇宙了，又或者說，小明在原來的宇宙當中消失了，在這裏，我們充分地利用了**平行宇宙**的這個概念，這些平行宇宙，雖然跟我們的宇宙互相分離，但是他們却具有相似甚至是相同的歷史發展和物理參數，換句話就是說，這些平行宇宙跟我們的宇宙非常相似，以至於非常難以分辨。

不過有的人說，回到過去是不可能的，因為如果我們能够回到過去的話，那麼類似的，我們就可以看到在我們這個宇宙，在我們這個地球，就會出現一些從未來到達我們現在的**時間旅行者**了，然而，到目前為止，好像還沒有看見過時間旅行者的出現。所以，平行宇宙很有可能是存在的。不過呢，有一種假說可以解釋我們為什麼到現在為止都還沒有發現這些來自于未來的旅行者，這是因為未來的人只能乘坐時光機，返回到一個過去存在著**時光機**的年代，換句話就是說，未來的人只能返回到一個**時間旅行者**存在的年代，這樣子，就可以解釋我們為什麼到目前為止都還沒有發現這些來自于未來的旅行者了，這是因爲我們到目前都還沒有發明**時光機**（類似蟲洞的出入口）。

關於時間旅行，還有一個重要的問題。對於這個重要的問題，我們可以再舉一個有趣的例子。就是，如果這個小明在 2100 年乘坐時光機 回到的并不是 1800 年，而是 2020 年，也就是小明剛剛好 20 歲的那個時候，那麼他究竟有沒有可能遇到 20 歲的自己呢？根據前面那個例子，我們可以分成兩種可能性。

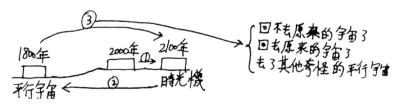

第一種可能，就是小明回到了跟自己的宇宙**非常類似**的平行宇宙的過去，然後，遇到了 20 歲的自己，但是，無論他做什麼事情，引起多大的**蝴蝶效應**，都沒有用，因爲小明在以後乘坐時光機，回到的是自己的宇宙，跟那個平行宇宙一點關係都沒有，這其實也是很多人的觀點，因爲這種時間旅行其實是最安全的時間旅行（因爲并沒有影響到自己原來的宇宙）。

第二種可能，就是小明回到了一個跟自己的宇宙非常類似的平行宇宙的過去，然而，小明却并沒有遇到 20 歲的自己，這是因爲，小明去的那個平行宇宙，跟自己的那個宇宙，居然有一點點的差別，就是這個平行宇宙裏面的小明并不存在。然後，小明很沮喪了，他決定要重返未來，幸運的話呢，他可能返回到了自己的宇宙，但是不幸的話呢，他可能回到了一個跟自己的宇宙非常類似的平行宇宙，然後在自己的宇宙當中消失了，但是他自己卻沒有察覺到。此外，如果更加不幸運的話呢，他可能回到另外一些平行宇宙當中，幷且在另外一些平行宇宙當中徘徊游蕩，甚至，去了一些比較怪异的**平行宇宙時空**，例如恐龍時代，封建時代甚至是地球剛剛形成的宇宙也有可能，或者是很高科技的平行宇宙也有可能，因爲這些平行宇宙，可能有著跟小明的宇宙不一樣的發展進程，因此看來，這樣子也充滿了不確定性和危險性，可以解釋爲什麼未來的人不敢返回過去，因爲這種時間旅行是**混沌的**，充滿了不確定性的，可能回到過去之後，就永遠都回不來了。這樣子的話，同時也就解釋了我們爲什麼還沒發現那些來自未來的旅行者了。

說到這裏，相信大家對時間旅行和這個平行宇宙都有了一個更加深入的認識，那麼下一節，我們就來講一下平行宇宙。

06 平行宇宙理論

在上一節當中，我們討論了時間旅行和平行宇宙的一些問題，那麼這一節，我們就來深入探討一下，**平行宇宙**的相關重要理論。在這些各種各樣重要的平行宇宙理論裏面的。有的是比較簡單的，而有的卻是比較複雜的，下面，就來解讀一下這些理論模型。

第一種平行宇宙，就是我們上一節所討論過的平行宇宙，也叫做分離平行宇宙，這種平行宇宙，只能通過時光機、蟲洞、白洞或者黑洞到達，而跟我們這個宇宙是**互相分離**的，也就是一點關係都沒有的，因此，他們的**物理參數**，有可能跟我們的宇宙是一樣的，或者是類似的，但是也有可能是不一樣的，甚至是**完全相反**的，所以這個理論是比較好理解的理論。

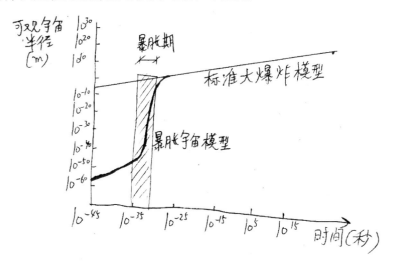

好了，然後我們來看看第二個理論，就是**暴脹平行宇宙**理論，暴是風暴的暴，脹是膨脹的脹，這個理論，跟宇宙的模型是有非常巨大的關係的。我們接下來再舉

一個例子，來說明這個問題，科學家通過觀測發現，他們所能够觀察到的最遠的星體，僅僅只是 138.2 億年前的星星。換句話就是說，科學家所接收到的光，已經是 138.2 億年前的了，因爲光速的原因，今天才到達地球。現在，我們來認真思考一下，如果，我們的宇宙是一個**暴漲的宇宙**，那麼有沒有一種可能，越靠外的地方，它膨脹的速度越快呢？如果真的是這樣子的話，那麼，宇宙的膨脹速度就很有可能比光速還要快，換句話就是說，會不會在宇宙當中最遙遠的星體所發出的光的光速，永遠都突破不了我們宇宙膨脹的速度呢？答案是有可能的喲，這就導致那些星體所發出的光，永遠都沒有辦法到達地球，這就導致我們永遠都沒有辦法看到宇宙邊緣的地方。而這些地方，是很有可能存在著另外一些**平行宇宙**的喲！

我們在這裏，乾脆把這些小的平行宇宙，叫做**口袋平行宇宙**。它們存在于我們這個大宇宙的邊緣地帶，而這些宇宙，因爲實在是太遙遠了，甚至我們都觀察不到，所以有著相對獨立的物理參數以及内部的星系和星體結構。那麼我們思考一下，如果在我們這個大宇宙邊緣的一些地方，在某一刻，某一個位置，它膨脹的速度一旦慢了下來，那麼，那邊的口袋宇宙裏面的星星所發出的光芒，就很有可能會在很多年之後順利地到達地球，于是我們就很有可能發現了這個平行宇宙。但更多的可能是這些**口袋平行宇宙**永遠都不會被我們發現，因爲宇宙永遠處于暴脹中，而在這種暴脹宇宙中，永遠都有新的口袋宇宙被創造出來。

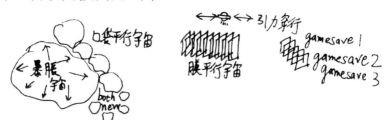

　　好了，說完第二種平行宇宙，我們就來看一下第三種平行宇宙。就是著名的**膜平行宇宙**。這種平行宇宙理論，是跟**弦理論**有關的，這種理論認爲，我們生活在一個三維的宇宙膜之中，換句話就是說，我們目前所身處的三維宇宙是一張膜，幷且在四維時空的超級宇宙當中漂浮，畢竟我們之前說過，三維空間很有可能只是四維空間的一個部分，而在這個四維超級宇宙當中，還有許許多多其他的**三維宇宙膜**，跟我們所在的三維宇宙膜，是堆疊在一起的，看上去就很像是很多片薄薄的葉子（或者是紙張）堆疊在一起似的，在這裏不同的膜就代表著不同的**三維小宇宙**。因爲在弦理論當中，一些計算表明，大部分物質和大部分粒子都很難離開我們的三維宇宙膜，所以我們無法進入到其他的平行宇宙世界當中，儘管我們所在的三維宇宙膜，距離別的三維宇宙膜非常近。在弦理論當中，只有引力和**中微子**可以不受這種限制，幷且能够自由地到達其他的三維宇宙膜，也就是說只有通過引力或者**中微子**才能够到達其他的三維宇宙膜（中微子可與額外維度裏的夥伴粒子發生相互作用）。

　　因此，說不定，不明飛行物 UFO 的**反重力系統**，就順利地幫助它們利用引力，穿行到了各種各樣不同的**三維平行宇宙膜**之中，所以說，這些 UFO 很有可能是駕駛在高維的宇宙空間當中的，好比如是**四維空間**當中，然後，他們看我們這各種各樣不同的三維平行宇宙膜，就好像我們人看電腦游戲裏面各種各樣不同的游戲存檔一樣，游戲的存檔 1 和遊戲的存檔 2，雖然一開始看上去都是一樣的，但是後面因爲**蝴蝶效應**，可能是不一樣的，所以這個存檔 1 和存檔 2，就一點關係都沒有了，而存檔 1 當中角色的行爲，並不會影響到存檔 2 當中角色的行爲，可能**裝備的等級和屬性**都不一樣的。因此說，唯一能夠看到各種各樣不同的類似於這些遊戲存檔的**膜平行宇宙**，只能處于一個更高的維度才行（這就類似我們玩一些策略游戲例如 AOE 或者命令與征服，看游戲存檔只能是我們去看，而不是游戲裏面的角色去看。而在著名的**曼德拉效應**當中，物體或者資訊的變化與交換，就是在許多**膜平行宇宙**場景之間不斷地進行的，而控制它們發生變化與交換的地方其實就位於更高的宇宙維度當中）。

　　然後我們再來看看第四種平行宇宙模型，這種平行宇宙模型就比較有趣了，就是著名的**程式平行宇宙理論**。這種理論的代表人物有哈佛大學的哲學家斯特羅姆，他認爲人類生活在虛擬世界中。這種理論認爲，我們的宇宙只不過是高維宇宙空間當中的一個程式而已，而在那個更高維的宇宙空間當中，還存在著很多很多個**程式平行宇宙**，這種理論甚至認爲，在宇宙當中的一些物質規律，是我們這個宇宙的大程式當中的小程式，好比如，萬有引力定律、開普勒三大定律、DNA 合成蛋白質的規律等等之類的，都是一些比較牛逼的**小程式**。那麼按照這種理論的話，在更高維的宇宙空間中，就很有可能存在著一位（或者一些）**程式員**在操控著一切，程式員所發明出來的物理參數和物理規律讓我們這個**程式平行宇宙**正常地運行起來。

換句話就是說，在高維的宇宙看來，我們這個宇宙，只不過是一個虛擬現實的宇宙，但是在我們看來，已經是很真實了，而我們一切的一切，包括物質和意識，全部都是**高維程式代碼**的反映，其實這種理論也剛剛好解釋了爲什麼一些人在遇到一些事情或者看到一些東西之後，就好像是在哪裏發生過似的，或者好像在哪裏見過似的，這是因爲，我們的宇宙，很有可能是一個程式，那麼按照這種理論來說的話呢，我們的宇宙只不過是一個放在**高維宇宙空間**當中的一個伺服器的一個虛擬現實的**網路遊戲**而已，而我們很難找得出究竟是誰在操控我們這個宇宙，畢竟四維空間的那個程式員我們是很難理解的，這跟我們去操控一個網路游戲裏面的**虛擬角色**或者英雄是一個道理，畢竟那個虛擬角色也是永遠很難理解人類的。

用一些科學家的通俗話語來說，就是我們的宇宙，只不過是一個在高維的宇宙空間當中，一個**高度發達**的文明（或者是造物主）所創造出來的虛擬現實的網路游戲而已，而這個**網路遊戲**，這個程式的細節是非常的細，乃至于把宇宙當中各種各樣的星星以及我們人類的祖先都計算好了，所以說呢，我們想要穿越到其他的程式平行宇宙，就像是一個網路游戲當中的虛擬角色，想要穿越到網路游戲的另外一個伺服器似的，可以想像一下究竟有多難（類似策略游戲例如 AOE 裏面，一個村民想要跳到另外一個游戲的存檔裏面）。

　　下節就來看看其他平行宇宙理論以及宇宙模型。

07 宇宙模型總結

在上一節當中，我們討論了一些有關于平行宇宙理論的問題，幷且總結了四大平行宇宙理論，分別是分離平行宇宙，暴脹平行宇宙，膜平行宇宙和程式平行宇宙，而這些平行宇宙，其實是跟**宇宙的模型**有很大關系的，所以，我們也可以把它們分別叫做分離宇宙模型、暴脹宇宙模型、膜宇宙模型和程式宇宙模型。那麼這一節，我們就來探討下，除了這四種宇宙模型之外，還有沒有別的宇宙模型，答案是有的。

接下來我們來看看第五種宇宙模型，就是著名的**黑洞宇宙模型**，這種宇宙模型認爲，我們的宇宙，實際上是在一個黑洞的內部，而在這個黑洞的內部，雖然**時空彎曲**得非常厲害，但是卻很有可能存在著一個**穩定的內部結構**，而這個內部結構所操縱的物質，大致上是均匀分布的，有著比較穩定的**物理參數**，而不至於坍塌成一個奇點（這種模型理論的代表人物之一有美國紐黑文大學的宇宙學家波普維拉斯基）。我們之所以沒有看到別的平行宇宙，是由于黑洞强大的引力，使得時空都彎曲了，導致我們很難看得見宇宙的外面究竟長什麼樣子。所以，我們的宇宙空間就跟外部的宇宙空間隔離了起來，而且，這種假說認爲，我們的宇宙之所以膨脹，就是因爲另外一個宇宙的黑洞吸入物質，然後從我們的宇宙吐出來，從而導致了我們宇宙當中物質的總量增加，然後導致我們宇宙的體積增大。所以，按照這種假說來說的話，我們宇宙的膨脹速度，是跟黑洞吸入物質的速度有關系的，如果膨脹的速度越快，就意味著單位時間之內，黑洞吸入的物質就越多，而那些從外面宇宙進到我們這個宇宙空間當中的物質，有的可能會被撕裂再進來。但是，如果我們宇宙的這個黑洞的半徑和質量都比較大的話，由於時空的**曲率變化**并不是很大，所以這些外面宇宙進來的星際物質，在進入黑洞的時候，可能并不會被撕裂，甚至是完好無損地到達我們這個宇宙。那麼，如果真的是這樣子的話，根據這種黑洞宇宙模型，我們這個宇宙，僅僅只是處于一個**更高維度**的宇宙空間裏面的一個黑洞裏面而已，而在我們的宇宙當中，又有很多個黑洞，而在這些黑洞裏面，也可能存在著更小的宇宙，而這些黑洞裏面的宇宙，正在不斷地擴大，換句話就是說，這就好比如**叮噹的八寶袋**裏面還有一些更小的八寶袋，而這些更小的八寶袋裏面也有一些更小的八寶袋，如此類推下去，那麼，如果整個高維宇宙空間都是無限大的，這樣子的話，宇宙的層數（嵌套層數）的數量，可能也是無限的，這種假說認爲，所有的宇宙，其實都是由黑洞創造出來的（因此，這種模型也被稱爲**嵌套宇宙模型**的一種）。

說完黑洞宇宙模型，我們來看看第六種模型，就是**細胞宇宙模型**，這種宇宙模型，就比較有趣了，這種宇宙模型認爲，我們的這個宇宙，其實是在高維宇宙空間當中一個更大尺度生命體的一個細胞而已，按照這種假說來說的話，我們宇宙當中星際物質的運動，就好像是這個超級細胞裏面的超級原子、超級中子、超級電子、超級質子和超級誇克等等的運動而已，這種假說甚至認為，我們的銀河系，是一個超級分子，我們的太陽系，是一個超級原子，而我們的太陽，是一個超級原子核，而我們的地球，是一個超級電子，這是因為電子圍繞著原子核公轉。這種宇宙假說，相信很多人都思考過，畢竟微觀世界的規律，看上去確實是有點像宏觀世界的，所以有的人就會覺得我們的宇宙是一個超級細胞，那麼我們的宇宙就可能存在于一個高維空間當中的一個超級巨大的無法理解的生命體裏。因此由這個**細胞宇宙模型**，我們可以得出一個細胞平行宇宙的模型，就是各種不同的宇宙，是用各種不同的超級細胞來代表的。

好了，說完第六種宇宙模型，我們來說說第七種宇宙模型，就是**量子宇宙模型**。這種理論認為，我們的宇宙就像是量子一樣充滿了**不確定性**，所以，我們生活在這個宇宙當中，每一刻都會產生新的通往不同未來的平行宇宙，換句話就是說，你做的每一個不同的決定，都會產生新的**平行宇宙**。這裏可以舉一個例子，好比如小明在某一刻，執行了 A 計畫，那麼他就去了一個 A 宇宙，而如果小明執行了 B 計畫，那麼他就去了一個 B 宇宙，這種理論聽上去似乎有點荒謬。但是，其實是基於**電子雙縫幹涉實驗**的，電子雙縫幹涉實驗確實是比較有趣的一個實驗，而且是一個比較詭異的實驗，如何詭異？首先，在這個實驗當中，發射出來的電子，通過雙縫之後，會隨機地落在感光螢幕上面，最後，一條條**明暗相間**的條紋就顯現了出來。那麼問題來了，事情遠沒有這麼簡單，當科學家一個個地把電子單獨發射出來之後，科學家驚訝地發現，這些電子在通過雙縫之後，最後居然還是可以在感光螢幕上面形成**明暗相間**的干涉條紋，而且，這個感光螢幕上面干涉條紋的形狀，居然是跟兩條狹縫之間的距離有關的，這就非常奇怪了，單獨發射出來的電子，究竟是怎麼在時間上面，約定在它之前和之後的電子，大家在某個特定的位置上面形成**明暗相間**的干涉條紋的呢？換句話就是說，這個單獨發射出來的電子，是怎麼知道在它之前已經有多少個電子落在感光螢幕上面，又是怎麼知道在它之後還有多少個電子發射出來呢？這就非常奇怪，難道是巧合嗎？

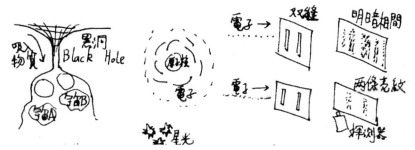

　　但是，更奇怪的事情還在後面，當科學家把觀測電子的設備，放在雙縫旁邊之後，然後重新啟動**電子雙縫干涉實驗**，也是一個一個的電子單獨慢慢地打出去，科學家驚訝地發現，感光螢幕上面那些明暗相間的干涉條紋居然消失了，只剩下了**兩條亮紋**，這就好像電子意識到有人在看著它一樣，因此說，這個實驗實在是太詭異了。于是乎，一些科學家就認為，在單個電子通過雙縫的時候，其實我們的宇宙已經分裂成兩個平行宇宙，或者說，我們的宇宙每一刻都在產生新的平行宇宙，而之所以我們在不放置儀器觀察電子的時候，在感光螢幕上面，看到**明暗相間**的干涉條紋，是因為在這個時候，平

行宇宙 A 和平行宇宙 B，重疊在了一起（類似曼德拉效
應當中兩個**平行場景**重疊在了一起），在平行宇宙 A 當
中，電子通過了左縫，而在平行宇宙 B 當中，電子通過
了右縫。所以在這裏，當我們不用儀器去觀測這單個電
子的時候，這個電子就好像同時通過了兩條狹縫一樣，
但實際上是因爲它自己同時存在于平行宇宙 A 和平行宇
宙 B 所導致的，而當我們用**實驗儀器**來觀測這單個電子
的時候，這單個電子就會被隨機地分配到其中一個宇宙
當中，有可能是平行宇宙 A，也有可能是平行宇宙 B（在
我們的維度感覺是隨機的，但可能是被**高維宇宙**所控制
的，這就類似**曼德拉效應**當中 A 和 B 場景間的切換，而
這種 A 和 B 場景之間的切換則是由**高維宇宙**所控制的）。
換句話就是說，如果我們的宇宙是平行宇宙 A 的話，我
們會看到這個電子通過了左縫，那麼在另外一個平行宇
宙 B 當中，就會有另外一些人看到電子通過了右縫。因
此，通過這種**電子雙縫幹涉實驗**，就催生了這樣子的一
種**量子宇宙模型**，通過這個實驗，我們還可以知道，我
們宇宙當中的每一刻，都會產生新的**平行宇宙**，這就看
我們究竟如何選擇了，所以這個宇宙模型是比較難懂的
一個模型。

說了這麼多，我們以一種比較另類的方式，總結出了**七種宇宙模型**，它們分別是分離宇宙模型、暴脹宇宙模型、膜宇宙模型、黑洞宇宙模型、細胞宇宙模型和量子宇宙模型。好，那麼這一節就先到這裏了。

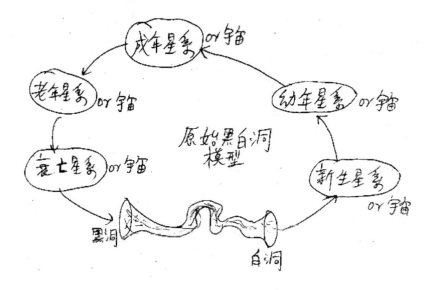

08 黑洞是什麼呢

在上一節當中，我們討論了一些比較有趣的**宇宙模型**，其中我們談到了黑洞宇宙模型，這個模型認爲，我們的宇宙是存在于一個黑洞的內部。那麼在這一節裏面，我們就來深入探討一下黑洞究竟是什麼東西。現在來想像一下，在宇宙空間當中，某一個質量比較大的恒星耗盡了它**核聚變**所需要的燃料，結果，就導致在這個恒星的內部，原來由核聚變所産生的能量和向外的擴張力變得更小，小到一個程度，無法抵抗恒星內部的强大的**萬有引力**，又或者說，這種核聚變所産生的向外擴張力，已經不足以支撐起恒星外殼物質的巨大質量，所以，恒星外殼的物質就會不斷地往裏面壓，導致恒星的內部開始坍塌，然後這個恒星不斷地**往內部坍塌**，雖然這顆恒星的質量基本不變，但是它的體積却越變越小。換句話就是說，這顆恒星的半徑越變越小了，當這顆恒星的半徑小于一個叫做**史瓦西半徑**的這個半徑之後，由於質量和密度都非常大，所以**時空彎曲**得也非常厲害。然後，連光都無法逃脫了，換句話就是說，連光都被吸進去了，于是乎，那邊的光永遠都沒有辦法被我們看見，所以在外面看來，裏面是漆黑的一片，什麼東西都沒有。

于是，這樣子的一種密度無限大的體積無限小的天體，就被科學家稱作黑洞，這個黑洞一旦形成，就會吞

噬它周圍所有的光綫和所有的物質，一般來說，因爲黑洞在吸取周圍那些星際物質的時候，這些**星際物質**也在圍繞著黑洞高速地公轉，所以很多星際物質就會被擠得非常緊密，所以就會發生高速的碰撞，而且這些星際物質也會被加熱到極高的溫度，就會産生一些向外的可見光或者電磁波段的輻射，一般來說，黑洞就是這樣子被發現的，因爲它相對于周圍那些**星際物質**來說，要暗得多。這樣子的一種過程，在宇宙學當中被稱爲吸積，所以黑洞周圍的這些星際物質或者是高溫氣體，就會形成一個**吸積盤**了。

　　一般來說，比較薄的**吸積盤**向外輻射電磁波的效率是比較高的。但是，黑洞不僅僅能夠吸取物質，它可能還會通過**霍金輻射**，向外輻射粒子，按照霍金的理論，由于在**量子物理**當中有一種叫做**隧道效應**的現象，所以，無論黑洞邊界的能量有多高，黑洞裏面的粒子仍然有可能逃離黑洞，而且質量比較大的黑洞，它的溫度也比較低，所以粒子向外**蒸發的速度**也比較慢。好比如，一個黑洞它的質量如果有太陽那麼大的話，那麼這個黑洞就要 10 的 66 次方年才能蒸發完，就是 1 後面有 66 個 0 那麼多年才能蒸發得完。但是，質量比較小的黑洞，因爲它的溫度比較高，所以粒子向外蒸發的速度也比較快，所以一個黑洞的質量，如果只有小行星那麼大，那麼可能不需要**一納秒**，就可能完全蒸發掉了。那麼黑洞蒸發的過程，其實也是**黑洞滅亡**的過程，所以黑洞在滅亡的時候，不但體積會變小，而且還會發出**耀眼的光芒**。（在

2021 年，就有人類拍攝的**第一張黑洞照片**，位於**室女座**的 M87 星系中心，環形的光芒來自于黑洞周圍所産生的吸積盤，有興趣的朋友可以網上搜索下）。

好了，現在舉一個比較有趣的例子。小明利用光學望遠鏡和射電望遠鏡，發現在宇宙深空當中有一圈又一圈像拉麵一樣的**星際物質**，在圍繞著中間一個漆黑的黑洞在旋轉，然後小明還發現，在這些比較暗淡的星際物質的附近，還看到一些星星，那麼小明心裏就想，這些星星所發出的光芒，究竟是不是已經被黑洞强大的引力扭曲了呢？答案是很有可能的，這些星星所發出的光芒，其實是經過了黑洞的**彎曲空間**，被彎曲了之後，然後才到達地球的。然而事情幷沒有這麼簡單，小明心裏在想，這些星星有沒有可能是在黑洞的背面呢？也就是說，這些黑洞背面的星星所發出的光芒，其實是**被黑洞折射**了之後才到達地球的呢？答案當然也是很有可能的喲。這就是著名的**引力透鏡效應**，於是我們可以發現，利用黑洞我們甚至可以看到黑洞背面那些宇宙深空當中的恒星的正面，還有可能能够看到這些恒星的側面甚至是背面，因此說這種引力透鏡效應是非常的有趣。

英國著名天文學家林登貝爾認爲，我們銀河系的核心，也就是銀心其實也是一個黑洞。所以，因爲**引力透鏡效應**的存在，所以銀心附近位置的光綫，其實是被彎曲了，所以說，我們在銀河系的**銀心方向**所看到的一些星星所發出的光芒，很有可能是來源于這個銀心的背面的，甚至不僅我們銀河系的銀心是一個黑洞，甚至另外一些星系的核心也是一個黑洞，這些位于星系核心的黑洞，有好幾百億個太陽的質量那麼大，甚至在一些星系中，黑洞質量占據了**星系總質量**的一半以上。那麼我們來思考一下，如果這個大質量黑洞的半徑也非常大的話，那麼它內部的**引力梯度**，就是在單位距離上面引力的變化量就可能會比較小，所以裏面的物質就有可能不會被撕裂，于是這樣的話，就爲**時空旅行**創造了可能，畢竟如果引力梯度比較小的話，我們的宇宙飛船就不容易被撕裂，但是就算真的能夠實現的話，小明乘坐宇宙飛船去了黑洞裏面的一個地方，旅游了一下回來，可能就會發現地球的時間已經過了好幾千年了，這就是因爲引力的**相對論效應**，小明在黑洞裏面所受到的引力，相對地球來說要大得多，所以黑洞裏面的時間就流逝得相對比地球要慢得多。

在這裏，我們可以再舉一個有趣的例子，有一天，你在太空當中乘坐宇宙飛船，去追逐小明的宇宙飛船，但是因為你的**宇宙飛船的引擎**跟他的宇宙飛船的引擎是差不多的，所以**駕駛的速度**也是差不多的，幷且保持著一定的距離，現在，你看見小明的宇宙飛船正在靠近一個大質量的黑洞，然而，你幷不想進去這個黑洞裏面，所以，你把你的**宇宙飛船**停止了下來，那麼，你會看到小明的宇宙飛船出現什麼現象呢？首先，由于相對論的效應，你會看到小明的這個宇宙飛船向黑洞跌落的速度越來越慢，而且，小明的宇宙飛船所發出的光會越來越暗，最後消失，到最後，就算你用任何的觀測儀器去觀測小明的宇宙飛船的外殼所發出的**電磁波波段**，都沒有辦法觀測得到了，這是因為小明的宇宙飛船已經通過了一個連光都無法逃脫的一個臨界的位置，而這個臨界的位置，在宇宙學上面就被稱作**視界**。

這個視界，是事件的分界，也就是說，黑洞內部邊界所發生的事情，對于黑洞外面的觀察者來說是永遠都不會發生的，這是因為黑洞內部的時間，相對于黑洞外面的時間來說，是非常慢的，慢到一個幾乎是**靜止的狀態**，所以這個視界也被稱作黑洞內部和黑洞外部空間的分界，這樣子，黑洞內部的物質也被封閉在黑洞的內部。

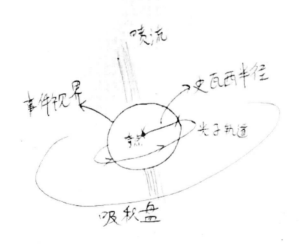

46

09 黑洞白洞之戀

在上一節當中，我們討論了關于黑洞的一些問題，那麼這一節，我們就來看看關于黑洞的其他經典問題，我們之前曾經談到過，小明乘坐宇宙飛船進到了黑洞裏面，由于**相對論的效應**，在我們看來，小明是慢慢悠悠地進入到黑洞裏面，直到消失，但在小明本身看來，他其實一下子就進入到了黑洞裏面，然後這個小明進到了黑洞後，究竟會發生什麼事情呢？

有那麼幾種可能，第一種，就是小明進入到這個黑洞之後，這個黑洞的引力梯度，越變越大，最後，這個小明和他的**宇宙飛船**都被撕裂了，再過一會兒，小明和他的宇宙飛船都到達了黑洞的奇點，而這個黑洞裏面的奇點，是時空**無限彎曲**的那一個點，也就是說，這個奇點的質量和密度，都是**無限大**的，所以這第一種可能是比較悲催的（因爲小明都變成了粒子）。

我們再來看看第二種可能，就是根據**黑洞宇宙模型**，這個小明其實是來到了一個在黑洞裏面的一個相對于外面是分離的**小宇宙**，在這個宇宙當中，節奏也相對穩定，而且，居然還存在著**外星生命**，就跟在科幻電影《星際穿越》或者《星際啓示錄》裏面看到的一樣，但是，雖然小明在這個宇宙裏面僅僅生活了只有一天，但是在他自己的宇宙，其實已經過了**好幾千年**了，幸運的話，他可能在外星人的幫助下，離開了這個黑洞，并且，小明回到了自己的宇宙，又或者，他可能永遠都離不開這個黑洞（永遠離不開新宇宙）。

好了，接下來我們再看看第三種可能，就是小明駕駛著宇宙飛船進入到了黑洞之後，并沒有被撕裂，也沒有撞上奇點，也沒有遇到黑洞當中的外星文明，而是通過**白洞**，進入到了另外一個宇宙當中，那麼在這裏，可能有的人就會想了，白洞究竟是不是吐出物體到另外一些宇宙的天體呢？答案當然也是很有可能的喲，因為白洞是一種性質剛好跟黑洞相反的宇宙天體，雖然這種白洞還沒被我們觀測所發現，但是其實我們的古人都已經猜測過它的存在，好比如，在我們古代的**太極圖**上面，白色的部分，裏面就有個黑色的洞，而黑色的部分，裏面就有個白色的洞，這難道是一種巧合嗎？難道古人真的知道白洞的存在嗎？所以，一些科學家就認為，這個太極圖，可能是來自于原始時代一些外星人或者是墮落天使給我們的禮物（大概是金字塔的時代）。

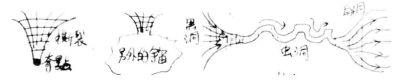

不過無論怎麼說，白洞都是愛因斯坦在**廣義相對論**當中預言的一種特殊的宇宙天體，這種宇宙天體，會不斷地往外噴射物質，不斷地向外面的宇宙空間提供物質和能量，但是，它却不能讓物質進入，也不能吸收外面的任何物質和輻射，所以，白洞是一個只發射物質和能量，而不吸收物質和能量的宇宙天體，它的性質是跟黑洞剛好相反的。天文學家通過觀測發現，在宇宙當中，存在著一種叫做**類星體**的天體，這種天體雖然體積比較小，但是亮度却非常大，而它所釋放出來的電磁波，也

非常強烈，甚至于，有的類星體的體積，比星系的體積要小得多，但是它所釋放出來的能量，却是星系的**成百上千倍**，所以，一些科學家就認爲，類星體，很有可能就是白洞。

好了，接下來我們就來看看在主流宇宙學當中，三種重要的白洞理論。第一種白洞理論，就是著名的**延遲核理論**，這種理論認爲，宇宙當中的星系，很有可能是由白洞當中噴射出來的星際物質所演化而成的，我們的宇宙從誕生的時候開始，其實就是一個大白洞，隨著**宇宙大爆炸**，就產生出了許多**小白洞**，而這些小白洞則不斷地往外**噴射物質**，就形成了各種各樣的星系，而之所以我們的宇宙在不斷地膨脹，就是因爲各種各樣不同的白洞，在宇宙誕生的開始，就不斷地往外噴射物質所造成的。因此，按照這樣子的一種理論，在我們的宇宙裏面，在**宇宙大爆炸**之後，由于宇宙大爆炸的不均匀和不完全，所以就很有可能還遺留了很多這種超高密度的小白洞，而這些小白洞就很有可能會在多年之後發生爆炸，從而繼續促進我們這個宇宙的膨脹。所以，天文學家也把這些小白洞，稱爲延遲爆炸的**小核心**，而這個就是延遲核理論了。

接下來我們再來看看第二種白洞理論，就是著名的**黑白兩洞轉換理論**。這種理論認為，黑洞很有可能會在以後逐漸轉換為白洞，也就是說，當黑洞吸收了足够多的能量和物質之後，或者這個黑洞到達生命終點的時候，就會開始往外噴射物質，甚至發生猛烈的爆炸，按照這種理論的話，宇宙當中的黑洞，其實就是一個暫時儲存星際物質和能量的**超級倉庫**而已，就像是我們平時用的電腦主板上面所插的內存條一樣，換句話就是說，白洞裏面超高密度物質的來源，其實是在它之前做黑洞的時候，所吸進去的。（這相當于把白洞當成是一個巨型倉庫）

接下來，再來看看第三種白洞理論，這種理論是最著名的，就是**黑白兩洞互相連通**理論，這種理論認爲，黑白兩洞之間，是互相連通的，想像一下，如果這種理論的話，在我們的宇宙，一邊的黑洞在不斷地吸收物質，而一邊的白洞則在不斷地噴射物質，這樣子，循環往複，生生不息，就好像我們的宇宙有了**血液循環**一樣，好了，現在大家思考一下，究竟有沒有一種可能，就像是太極圖上面所顯示的那樣，我們的宇宙，其實是緊靠著另外一個宇宙，而黑洞在我們這個宇宙吸收物質進去之後，然後從另外一個宇宙的白洞噴射物質出來，答案也是很有可能的，這樣子看來，如果我們這個宇宙存在著成千上萬個黑洞，那麼，對應地，在另外一個宇宙當中，就也可能存在著成千上萬個白洞。換句話就是說，這些黑洞和白洞，其實都是一一對應的，所以這種理論也稱為黑白兩洞互相連通理論。

這種理論之所以會出現，就是因爲科學家們相信熱力學第一定律和熱力學第二定律是正確的，然後，這個**能量守恒定律**也是無法違背的，所以，科學家們就認爲，在宇宙當中，既然能够存在著一個能够像黑洞這樣子的光吃不拉的怪物，那麼就肯定對應著也存在著一個光拉不吃的怪物，而這個怪物就是白洞，所以一些科學家就覺得黑洞和白洞就像是**一對情侶**，手牽著手，是不可以分離的，所以這個小明進到黑洞之後，就很有可能從白洞出來，然後到達自己宇宙當中的另外一個位置，或者是去到另外一個宇宙當中也有可能，說到這裏，不少人可能就會提出這樣子的一個疑問，如果按照這種黑白兩洞互相連通的理論模型來說，那麼，那個連接黑洞和白洞之間的通道，究竟叫做什麼呢？

相信有的人已經猜出來了，沒錯，它就是蟲洞，也叫做**愛因斯坦羅森橋**，部分天文學家猜測，蟲洞就是一種連接黑洞和白洞的通道，并且可以在黑洞和白洞之間傳送物質和能量，關于蟲洞，我們會在下一節當中繼續探討。

10 蟲洞交通系統

在上一節當中，我們談到了黑洞和白洞，以及他們兩個之間的聯系，然後物理學家愛因斯坦和納森·羅森又把黑洞和白洞之間的通道稱爲蟲洞，所以在這一節當中，我們討論的主要是蟲洞的問題。

蟲洞，也被稱作**愛因斯坦羅森橋**，是連接宇宙當中兩個遙遠空間的**時空隧道**，又或者是連接不同宇宙的時空隧道，蟲洞被認為是在宇宙空間當中進行時空旅行的捷徑。部分的天體物理學家認爲，利用**暗物質**或者是**負物質**，可以讓蟲洞的出口打開，幷且在内部保持一定程度的張力，因爲在蟲洞裏面，存在負物質就可以保持蟲洞的穩定，而不會讓這個蟲洞收縮甚至是消失，從而，就可以讓宇宙飛船順利地進入這個蟲洞裏面，或者從裏面出來。此外，對于蟲洞來說，除了要有擴張的物質之外，還要有一個合理的半徑，在蟲洞的入口，這個蟲洞的半徑要足够大，讓**引力梯度**（單位長度引力變化）不會顯得那麼大，否則宇宙飛船都還沒進到蟲洞裏，就可能已經被撕裂了。

但是，要維持足夠大的半徑，就需要大量的這種**負物質**，所以這種讓蟲洞保持張大的這種物質才是維持蟲洞的關鍵，有的科學家根據廣義相對論，也把這種物質稱作宇宙當中的**奇異物質**。那麼其實，蟲洞不但是連接黑洞和白洞之間的通道，它也有可能出現在正常的時空當中，幷且成爲一個超時空的管道，像我們在一些科幻電影裏面，也可以看到蟲洞的入口，幷不是一個圓形，而是一個**三維的球形**，當我們的宇宙飛船進到蟲洞之後，就可以很快地到達宇宙的另外一個地方，有的天文學家認爲，其實我們太陽系的太陽裏面，也有一個蟲洞的入口，這個蟲洞連接到了別的恒星系的恒星裏面，所以恒星之間的流體就可以通過這個蟲洞，在兩顆恒星之間**互相流動**，甚至一些天文學家認爲，我們太陽系的太陽當中，存在著一個外星人用來穿越到別的恒星系的星門，也就是 STAR GATE，所以那些外星文明就可以通過這個太陽裏面的**蟲洞星門**，去到別的**恒星系統**，所以，蟲洞也有可能存在于普通的恒星，或者是大質量的中子星的內部。

　　說不定在一些科技比較高級的宇宙文明裏面，已經利用了蟲洞，建立了這個高速的雙向的**運輸系統**，而如果我們也發明瞭這樣子的一種交通工具的話，那麼我們坐在這種交通工具上面，就會聽見這樣子的一種播音：叮咚，歡迎光臨銀河系蟲洞高速列車運輸系統，本站是**太陽系站**，車門即將關閉，請注意安全。叮咚，下一站是**半人馬座阿爾法星系站**，請去往**比鄰星**的乘客，從列車前進方向的右門下車（自行想像播音哈）。

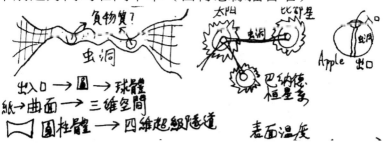

　　那麼其實，這個半人馬座阿爾法星系，也叫做南門二恒星系統，是一個**三合星系統**，是由三顆恒星組成的，

它們分別是半人馬座阿爾法星 A，半人馬座阿爾法星 B 和半人馬座阿爾法星 C，其中，半人馬座阿爾法星 C，被我們稱作**比鄰星**，是距離太陽系最近的恒星之一，那麼這三顆恒星就形成了一個典型的**三體系統**，所以一些科學家就認為，裏面有可能存在著外星文明，同時，也成為了科幻小說的重要題材。不過，如果沒有蟲洞這種交通工具的話，我們就算要到達距離太陽最近的恒星之一的比鄰星，也要很多年。首先這個比鄰星距離太陽大概有 4.2 光年，換句話就是說，就算我們宇宙飛船的速度**接近光速**，我們也要航行 4 年多，才能夠到達比鄰星，就算我們宇宙飛船速度能夠達到光速的 10%（核聚變等離子引擎），也要 40 多年才能到達，所以如果人造的蟲洞真的能夠建造出來，那麼就可以很大程度上縮短**星際航行**所需要的時間。

接下來，我們再來講一個有趣的例子，有的科學家，可能會在一張紙上面，相距比較遠的兩個位置上面，分別畫上一個圓圈，一個圓圈代表著蟲洞的入口，而另外一個圓圈則代表著蟲洞的出口，然後把這個紙彎曲起來，并且用一個**兩端擴大**的圓柱體，把這兩個圓圈連接起來，然後就可以把這個兩端擴大的圓柱體，看作是一個蟲洞，這是很多人用來表示**蟲洞模型**的一種方法，那麼其實，在更高維度的四維宇宙空間當中，其實真正的蟲洞的出入口，并不是一個圓，而是一個**球體**，就跟我們在科幻電影裏面看到的一樣。此外，我們彎曲的空間，也不是一個曲面，而是一個三維的空間。那麼類似的，我們很容易就得出一個結論，在更高維的宇宙空間當中，蟲洞并不是一個兩端擴大的圓柱體，而是個四維空間的超級隧道。

再舉一個有趣的例子，小明他的手上有一個蘋果，在這個蘋果上面，有一隻螞蟻在走，很多人知道，這個螞蟻想要從蘋果的一邊，去到蘋果的另外一邊的話，最簡單的方法，就是在蘋果的表面上繞半個圈，那麼究竟還有沒有別的辦法，可以讓螞蟻更快地去到對面呢？答案當然也是有的，就是我們拿一跟筷子，把這個蘋果貫穿，然後這個螞蟻就可以從一邊，通過這個洞，快速地去到另外一邊了，這其實也是另外一種用來表現**蟲洞模型**的方法。但是，其實從四維空間來看，這個蘋果的表皮，就可以類比我們宇宙的三維空間，而在這個蘋果的表皮上，兩邊所穿出來的圓洞，就可以類比這個蟲洞的出入口，但是在四維空間當中，這個蟲洞的出入口，實際上也不是一個圓，而是一個球體，同理，那個螞蟻在蘋果內部所走的那條類似于圓柱體一樣的通道，也可以類比成是蟲洞，但是這個蟲洞在四維空間當中，其實也并不是一個三維的圓柱體，而是一條四維空間的**超級隧道**，因此說，蟲洞這玩意確實是非常的有趣。

11 恒星及其極限

在上一節，我們討論了蟲洞的一些問題，并且認爲在一些恒星和中子星的内部，很有可能會存在著蟲洞，那麼恒星究竟是什麼東西呢？我們之前曾多次談到過恒星這個名詞，這一節我們就來深入探討下。恒星，是指由**等離子體**所構成的自己會發光的球狀或者是類似球狀的天體，在中國古代，由于觀測工具和技術不發達，加上恒星距離地球實在是太遙遠了，所以古人便認爲恒星是恒定不動的，但其實恒星也是在不斷地運動。

距離我們地球最近的恒星，就是我們的太陽。由于恒星内部的密度和溫度都特別高，所以包括太陽在内的恒星，大部分時間都在進行著猛烈的**核聚變反應**，并且釋放出巨大的能量，然後往外太空輻射包括可見光在内的各種**電磁波**。

而在宇宙當中，基本所有的恒星都是**等離子態**的星球，在萬裏無雲而且沒有光污染的地方，例如是高原地方，我們使用肉眼，可以看到星空當中**六千多顆**恒星，如果我們借助光學望遠鏡，就可以看到幾百萬顆恒星，天文學家估計，在我們的銀河系當中呢，大約有 1500 億到 4000 億顆恒星。而在我們的宇宙當中呢，則很有可能存在著 3 乘以 10 的 23 次方那麼多顆恒星，比地球上所有海灘和沙漠裏的沙子加起來的數目還要多。

在這裏，恒星的溫度和光度是有聯系的，恒星的**光度**指的是恒星的**真實亮度**，在銀河系當中 90%的恒星，如果表面溫度高的話，那麼光度也大，如果表面溫度低的話，光度也小。所以這 90%恒星，又被科學家稱爲**主**

<u>序星</u>（處于青壯年的恒星）。

但還有 10%的恒星是例外的，好比如，宇宙當中存在著一種體積十分巨大，光度也非常大，但是表面溫度却不高的恒星，它們，就是紅巨星和超巨星。<u>紅巨星</u>的體積比太陽大幾十上百倍，但是表面的溫度，却只有可憐的兩三千攝氏度，比太陽表面溫度 5500 攝氏度還要小，而之所以紅巨星的光度比較高，是因爲紅巨星有巨大的表面積。而<u>超巨星</u>的體積呢，甚至比太陽還要大好幾千倍，著名的超大恒星，紅超巨星，也就是<u>參宿四</u>，它的直徑甚至達到了太陽的 1150 倍，換句話就是直徑大約 16 億千米那麼長。也就是大概 11 個地球到太陽的距離那麼大！但是表面溫度却只有 3300 攝氏度。

但還有些溫度很高，光度却很小的恒星，它們就是著名的白矮星和中子星，<u>白矮星</u>的直徑只有幾千千米，和地球直徑差不多，但質量却非常大，白矮星表面的重力相當于地球表面的 10 億倍！而<u>中子星</u>的體積就更小了，只有 20 千米左右，但表面的重力却能達到地球重力的一千億倍！可以想像這是個多麼恐怖的數值，後面在說到白矮星和中子星的時候再深入探討。

這樣子，天文學家把恒星溫度和光度的聯系的這種規律，總結在一個名字叫<u>赫羅圖</u>的圖上（赫羅圖最早由赫茨普龍和羅素創建，在這節的手繪裏有）。

可以看見，在我們的銀河系當中，恒星的體積相差非常大，但是其實質量差別并不大，在銀河系當中，大多數恒星的質量，其實是在太陽質量的 0.5 到 5 倍的這個範圍之內。

在銀河系當中，質量最大的恒星，質量比太陽大幾十倍。而質量最小的恒星，質量也有太陽質量的幾十分之一。由于恒星存在質量，所以恒星會受到萬有引力的影響而形成雙星甚至**三體系統**，甚至形成由許多恒星所組成的星團（例如昴星團和畢星團）。

那麼，恒星究竟是怎麼形成的呢？天文學家認爲，在宇宙當中，存在著大量大體積的氣體雲，部分的**氣體雲**，在萬有引力的作用下，快速向某一個中心點靠攏，從而導致中心點氣體的密度、溫度和壓力急劇地增加，最後，中心溫度甚至達到 700 萬攝氏度以上，進而引發氫的**核聚變反應**。典型恒星的核聚變反應，是氫核聚變反應，我們的太陽就是一個典型的例子，我們的太陽，生命當中的大部分的時間都在進行著**氫核聚變**，這個過程也叫做**主序星**階段，是最長的階段。在這個階段，恒星內部的壓力分布和表面的溫度分布都基本保持穩定，在漫長的生命周期當中，恒星光度基本不變，但恒星內部的化學組成，會隨著核聚變反應的過程而逐漸改變（例如重元素越來越多）。

多年以來的天文學觀測表明，按照正常的恒星來說的話呢，大氣層的化學組成與太陽差不多，如果按照質量來計算的話，氫元素是最多的，大概占據了恒星質量的 70%，其次是氦元素，大概占據了恒星質量的 28%，然後依次是氧、碳、氮、氖、矽、鎂、鐵、硫等等的元素。而到了未來的某一刻，當恒星核心位置的核聚變燃料氫用盡了之後，恒星，就來到了晚年。

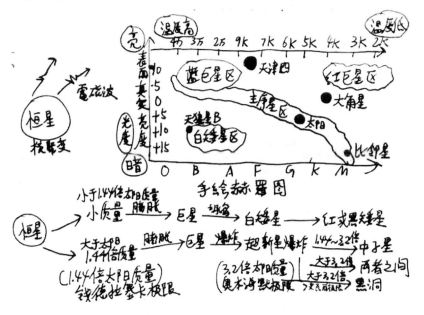

手繪赫赤羅圖

　　這個時候，小質量的恒星，剛開始的時候會先膨脹，變成巨星，然後開始坍縮，變成<u>白矮星</u>或者藍矮星，繼續向外輻射能量，最後變成紅矮星以及黑矮星，最終消失在茫茫的宇宙中。其實我們的太陽最終就是變成<u>紅巨星</u>那樣子的一種下場（50 多億年後）。

　　那麼，那些比太陽質量要大 1.44 倍的恒星又有什麼下場？我們來看一下，首先，這個 1.44 倍的太陽質量，又被叫做**錢德拉塞卡極限**，當這顆恒星的質量超過 1.44 倍的太陽質量之後，在它到達生命盡頭的時候，剛開始可能也會先膨脹，變成巨星，不過因為質量比較大，它們之後并不會變成白矮星，而是可能會發生猛烈的**超新星爆炸**，光芒照耀整個星空，變成**中子星**或者黑洞。那麼問題又來了，這顆恒星究竟變成中子星還是黑洞呢，是跟**奧本海默極限**有關的，奧本海默極限的數值，比錢德拉塞卡極限還要大，大概是在 1.5 到 3.2 倍的太陽質量之間（普遍認為是太陽質量的 3.2 倍），如果這顆恒星的質量是介乎于錢德拉塞卡極限和奧本海默極限之間，在它到達生命盡頭的時候，就可以形成一個比較穩定的**中子星**。但是，如果這顆恒星的質量還要大于這個**奧本海默極限**的話，那麼在它到達生命盡頭的時候，就不太可能形成穩定的中子星，並且分成兩種情況：第一種，就是形成介於中子星和黑洞之間的**緻密天體**，第二種，就是經過無限坍縮，最終超過一個叫做**史瓦西極限**的密度數值而形成黑洞。所以在這裏我們看到了錢德拉塞卡極限、奧本海默極限和史瓦西極限的名詞，以後還會探討。

　　一般來說，一顆恒星的質量如果越大，那麼內部的壓力也就高，氫燃燒的速度也就會越快，從而導致恒星的壽命縮短。而在我們的宇宙當中呢，大多數恒星的年齡大概是幾十億年。

　　那麼有的人就會問了，恒星究竟有沒有磁場呢？答案是有的，例如是我們的太陽，日冕和太陽風，就是典型的**恒星磁場運動**的表現，一般來說，恒星的自轉速度越快，恒星表面的活動越強烈，我們的太陽，以 25 到 35 天的周期自轉一圈。所以我們的太陽的自轉並不是很快，太陽活動相對來說不太活躍。

　　相信大家對恒星都有了一個更加深入的認識，下一節就來深入探討一下位于我們太陽系中心的恒星，也就是太陽。

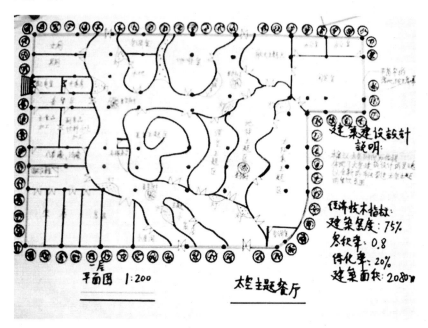

12 我們的太陽啊

在上一節，我們討論了恒星的一些相關問題，那麼這一節，我們就來看一下位于**太陽系**中心位置的恒星，也就是太陽。說起太陽，我可要講一段真實故事，我自己本身也是一個單車愛好者，曾經用 11 天的時間從深圳騎到昆明，用 12 天的時間從廣州騎到三亞，用 9 天的時間從廣東佛山騎到福建廈門，過了三年後，又用 20 天的時間從福建廈門騎到上海，而正是因爲太陽這顆恒星啊，我們的皮膚被曬黑了不少，在雲貴高原的時候甚至被曬掉皮了，所以既然現在講到恒星這個部分，就很有必要先把太陽也講一下吧。

太陽，是一個由**熱等離子體**所構成的恒星，位于太陽系的中心位置，占據了太陽系總質量的 99.86%，包括我們地球在內的八大行星、以及各種小行星啊流星啊彗星啊等等，都圍繞著太陽公轉，而太陽則圍繞著銀河系的核心，也就是**銀心**公轉。

太陽的直徑大約是地球直徑的 109 倍，體積大約是地球的 130 萬倍，我們之所以看到太陽小，是因爲距離遠，而太陽的質量大約是地球的 33 萬倍，但平均密度只有地球的 0.26 倍。太陽高層大氣重力加速度，約爲地球表面**重力加速度**的 28 倍。

由于太陽距離地球有 1.5 億千米那麼遠，再加上光速的限制，所以，太陽發出的光需要大概 8 分 13 秒才能夠到達地球。

現在我們來思考一下，如果太陽輻射到地球的可見光和電磁波被遮擋住的話，那麼地球在 8 分多後就會失去陽光，一周後，地球表面的平均溫度，就會下降到零下 18 攝氏度，而在一年之內就會下降到零下 70 攝氏度，可見太陽是多麼重要。其實，如果太陽突然消失，在 8 分鐘之後，地球就能逐漸感受到強大的引力擾動和時空擾動，而且很可能會被甩出去。

好了，我們說回現在，我們的太陽正位于銀河系的獵戶座旋臂上面，距離銀河系的中心，大概是 26000 光年，換句話就是說，如果我們從太陽附近出發，乘坐接近光速的宇宙飛船，也要差不多三萬年才能够到達銀河系的中心。而目前的太陽，正在圍繞著銀河系的中心銀心，以每秒 250 千米的速度公轉（也有認爲是 220 千米每秒），所以呢，太陽大概需要 2.5 億年，才能圍繞銀河系的中心公轉一圈。天文學家通過觀測發現，太陽也在自轉，自轉的方向是自西向東，在太陽表面的不同緯度上，自轉的速度是不一樣的，在赤道的地方呢，太陽自轉一圈需要 25 天多一點，而在兩極地區呢，自轉一圈則需要 35 天左右的樣子。這樣子的一種現象也被天文學家稱作較差自轉。畢竟太陽不是一個固態的星球，而是一個等離子態的星球。這樣子的一種自轉呢，就導致了太陽表面磁場的不穩定，磁感綫就經常糾纏在了一起。於是，就形成包括日冕物質噴發，以及包括太陽黑子、太陽耀斑和太陽風等等在內的各種太陽活動。

下面來看看太陽的內部結構，我們從最裏面開始說起，太陽的核心溫度，高達 1500 萬攝氏度，壓力相當於 3000 億個地球的大氣壓，裏面不停地進行著氫核聚變反應，幷生成氦，從核心一直到太陽半徑的四分之一的這個範圍，稱爲**核反應區**。

好了，接下來，從內層繼續往外層出發，從四分之一個太陽半徑一直到 0.86 個太陽半徑的這個範圍，被稱為太陽的**輻射區**，包含各種各樣的**電磁輻射**以及粒子流。然後，從 0.86 個太陽半徑到達光球層的內邊緣，是太陽的**對流層**，厚度大概有十幾萬千米，在這裏，熱的等離子體向外運動，冷的等離子體往裏面沉，從而形成了熱對流，而這種對流，是不穩定的。

為什麼說不穩定呢？這是因爲，對于對流層內部上升到對流層外邊緣的**等離子體**來說，由于上升的等離子體中間的位置比較熱，而周圍比較冷一些，所以就會形成一種叫做**米粒組織**的神奇結構，小型的米粒組織來也匆匆，去也匆匆，壽命大概只有幾分鐘，就像是煮開的水鍋裏面水的氣泡一樣。但是也存在著一些壽命比較長的中型米粒組織，或大型米粒組織（因此米粒組織是從太陽對流層升到光球層的**等離子團**）。

好了，接下來，太陽對流層再往外，就是**光球層**，光球層是對流層上面，一層不透明的薄層，厚度大概是 500 千米，幾乎所有的可見光都是從這一層發出來的。然後，光球層再往外，就是**色球層**，厚度大概是 2000 千米，太陽的溫度，從核心到光球層，是逐漸下降的，但是到了色球層呢，却又反常地上升，到了色球層的最外部呢，溫度甚至已經達到了幾萬攝氏度。但是，色球層所發出的可見光的總量，還不到光球層的 1%，所以人們平時是看不到它的，只有在發生日全食的時候，例如食既之前的幾秒鐘，或者是生光之後的幾秒鐘，人們才能看到它。

在發生日全食的時候，日面的邊緣，會呈現出狹窄的玫瑰紅顏色的發光層，這個就是**色球層**，在其他時間，天文學家只能够通過專業的單色光望遠鏡才能够觀察到太陽的色球層。然後，色球層再往外，就是**日冕**，日冕是太陽大氣的最外層，是由溫度高密度低的**等離子體**所構成的，亮度也比較小，但溫度却非常高，達到了上百萬攝氏度。日冕一般只在日全食的時候才能看見，是一個青白色的光區。而在平時觀測的時候，需要使用專用的**日冕儀**。在太陽活動極大年，日冕接近於圓形，而在太陽活動寧靜年，日冕則接近於橢圓形（跟磁力線有關）。

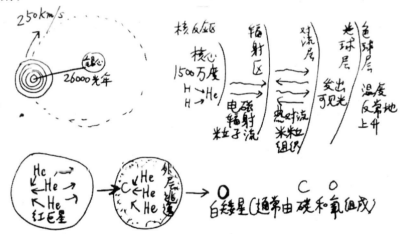

在這裏，要注意的是，無論在日食時期，還是在平時的時候，如果要觀測太陽，一定要使用專門的儀器，一般的光學望遠鏡也要加上**巴德膜**等濾光裝置，才能夠觀測太陽，否則就會嚴重地傷害眼睛和儀器設備。下面，

我們再來看看太陽的演化。

太陽，是一顆**黃矮星**，總壽命大約為 100 億年，太陽這顆恒星呢，是在大約 45.7 億年前，在一個氫分子雲當中，由於萬有引力的聚攏作用而形成的。現在的太陽，正處於青壯年階段，也就是**主序星**階段，內部不斷進行著猛烈的**氫核聚變反應**。

在 50 多億年之後，太陽，就會耗盡內部幾乎所有的氫核聚變燃料，從而步入晚年，首先呢，內層的那些原來由**氫核聚變**所產生的氦就會收縮，同時溫度升高，然後氦核心周圍那些剩下的氫核聚變燃料就會更加快速地進行聚變，產生的熱量迅速增加，幷且傳遞到外層，讓太陽膨脹成爲**紅巨星**。然後，劇烈的熱量波動，將會導致太陽外層的**等離子體**逃逸，同時，內部的核心溫度還在不斷地升高，最後，太陽核心的溫度接近 1 億攝氏度，氦開始發生核聚變，幷且產生碳，部分失控的**氦聚變**將會導致**氦閃**。到最後，太陽將變成一顆炙熱的**白矮星**，幷且，在往後的幾十億年當中，不斷輻射電磁波，最終，消失在茫茫的宇宙當中，完成了它一生的使命（是一個感人的故事）。

說了這麼多，相信大家對太陽這顆恒星都有了一個更加深入的認識。

13 太陽活動現象

上一節，探討了一些太陽的相關問題，包括太陽的物理參數、內部結構以及它的演化，曾經探討過由于太陽的自轉，導致太陽表面磁場的不穩定，所以**磁感線**就經常糾纏在一起，于是就導致日冕物質拋射，以及包括太陽黑子、太陽耀斑和太陽風等在內的各種太陽活動，那麼這一節就來探討下太陽活動。

先來看看太陽光球層上面的**太陽活動**，通常來說，在太陽光球表面，有時候會出現一些相對其他地方磁場要密集一些的區域，從而抑制了太陽內部的能量通過對流的方式向外傳遞。然後就導致了這些區域的溫度，相對來說比其他的區域要低一些，所以就相對于別的區域來說要暗一些，于是，就形成了**太陽黑子**區域。一個中等大小的黑子，其實就和地球的大小差不多。小的太陽黑子的直徑，大概有一千多千米，而最大的太陽黑子呢，可以去到二十多萬千米那麼大，換句話就是說，直徑相當于地球直徑的 20 倍。在太陽黑子當中，比較暗的核心部分稱爲**本影**，溫度大概是 4200 度，周圍比較淺的部分叫做**半影**，半影的溫度大概是 5600 度，比木影的溫度要高。

太陽黑子是太陽活動區域的核心，也是最明顯的標志，黑子多的時候，太陽活動現象也比較頻繁。在世界上，最早記錄太陽黑子的書籍，是中國古代著名的**漢書五行志**。寫道：成帝河平元年三月乙未，日出黃，有黑氣，大如錢，居日中央。這是對太陽黑子最早的記載。

然後，到了 1609 年，伽利略，首先利用望遠鏡觀測到了太陽黑子。從此，一系列對于太陽黑子的天文觀測就展開了，甚至在後來，德國天文學家古斯塔夫發現太陽黑子在光球層上面的遷移，呈現出**蝴蝶圖樣**的分布。

說完光球層的太陽活動，再來看看**色球層**的太陽活動。在色球層上面，究竟有沒有一種比周圍區域更加明亮的區域呢？答案是有的，那就是**譜斑**，譜是五綫譜的譜，斑是斑馬的斑，譜斑是因爲這些地方的溫度比周圍要高所導致的。**太陽黑子**比較多的時候呢，譜斑也比較多，而且譜斑的壽命比太陽黑子長。

除了譜斑之外，色球層上還有著名的**太陽耀斑**，太陽耀斑，是因爲儲存在太陽磁場當中的**磁場能量**過多，然後在短時間之內，向外輻射電磁波幷且釋放出巨大的能量所導致的，大概，就相當于上百億顆巨型的氫彈同時爆炸所釋放出來的能量。

天文學家通過觀測發現，當太陽耀斑爆發的時候呢，會突然迅速閃耀出強烈的亮斑，幾乎整個**電磁波波段**的輻射，都有增強的現象，同時，太陽耀斑爆發的時候也發射出高能的粒子流以及等離子體流。在太陽耀斑爆發時，**電磁輻射能量**大約占據太陽耀斑能量的 25%，而太陽高能粒子輻射和等離子體流則占據了太陽耀斑能量的 75%，其實，太陽黑子的結構和磁場越複雜，太陽耀斑的爆發規模就越大。一般來說，當**太陽耀斑**爆發的時候，會對空間飛行的宇宙飛行器造成一定的影響，好比如是通訊以及導航等方面，所以就需要盡量做好防禦的措施。

除了太陽耀斑之外，在<u>色球層</u>上面，還有著名的<u>日珥</u>，日珥是太陽表面噴射出來的炙熱<u>等離子體</u>，日珥的密度，比日冕大一千到一萬倍，溫度却低于日冕，只有大概六千到八千度，日珥的噴射速度大概是 250 千米每秒，噴射的高度甚至達到幾十萬千米，然後再落到太陽色球層的表面，平均壽命爲幾分鐘，看上去，就像是太陽表面上的其中一隻超級大和高的耳朵（日珥需要使用特殊的日珥鏡進行觀察）。

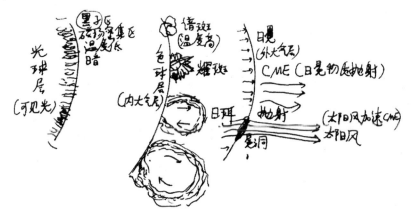

在日全食的時候，我們可以看到太陽表面上有許多細小的日珥，在不停地跳動著，有的像噴泉，有的像彩虹等，非常的美麗壯觀。天文學家利用專業的<u>太陽色球望遠鏡</u>，就可以隨時對太陽的色球和日珥進行觀測了，下面，再來看看<u>日冕活動</u>。

在太陽活動的<u>極盛期</u>，日冕上經常會發生大規模的強烈噴射活動，日冕的<u>磁感線</u>，很有可能會向宇宙空間擴散，幷發生日冕物質拋射，英文縮寫是 CME，拋射的速度達到幾百甚至上千米每秒，幷把幾十億噸的幾百萬度的**等離子體**拋射到星際空間當中，拋射出來的能量，比**耀斑**的能量還要大 10 倍以上。

　　此外，在日冕的位置，還存在著一些叫做**冕洞**的區域，這些區域是在日冕上面，**電磁輻射**比較弱，溫度和密度比周圍要低得多的特殊區域，天文研究表明，冕洞是噴射**高速帶電粒子流**的出口，而這種高速的帶電粒子流，就是大名鼎鼎的**太陽風**。

　　太陽風，是由質子和電子等組成的高速的帶電粒子流，噴射速度甚至能達到八百公裏每秒，當這些粒子落在地球的南北極附近之後，就會形成美麗的**極光**。極光的顏色與被電離的元素有關，通常**氧元素電離**會產生出綠光和部分紅色的光，而**氫元素電離**則通常會產生藍紫色的極光。通常觀察極光需要到高緯度的地方，例如北歐、阿拉斯加、加拿大等地才能觀察到。

　　但是，大規模的**太陽風暴**會影響地球的空間環境，影響電網，影響通訊導航，影響地球的電磁層和臭氧層，幹擾無綫電波通訊，所以，觀測太陽活動，做出必要的預防措施是非常重要的。此外，太陽大氣大約每隔 296 秒就會振動一次，這被稱為著名的**太陽五分鐘振蕩**，是美國學者萊頓發現的，這種振蕩的規模很大，大約有三分之二的太陽表面，都在做這種振動，上下錯落幾十千米，有點類似于大海波浪一樣。

　　後來天文學家又相繼發現**太陽七分鐘振蕩**等振蕩周期，幷且認爲這是由于太陽整體的震動，也就是**日震**所導致的，由此還派生出著名的日震學。

　　最後來看看太陽的活動周期，太陽的**活動周期**是指太陽黑子數目及太陽其他活動的**周期性變化**，一般來說，太陽活動周期大概是 11 年，這是因為太陽每隔 11 年會反轉自己的磁場，換句話就是說，太陽南北兩個半球的黑子的磁極，每隔 11 年就要翻轉一次，但這種翻轉并不會對地球造成什麼重大的影響，所以沒有必要過分擔心。不過太陽活動的預警系統是必須要建立起來的，才能更好地保護各種電力及通訊設備。

其實，著名的太陽和日光層探測器 SOHO，已經在 1995 年發射升空，位于地球和太陽的**拉格朗日點**上面，圍繞著太陽公轉，在這個點上面，這顆探測器和太陽以及地球保持相對的靜止，在這個探測器上面，安裝了大量的科學儀器用來觀測太陽的狀況，這個 SOHO 還拍攝了大量關于太陽的精美圖片，在 2016 年，探測衛星還拍攝到一顆彗星近距離掠過太陽，然後被太陽迅速氣化的過程，有興趣的朋友可以網上搜索一下。相信說到這裏，大家都對太陽活動有了一個更加深入的認識。

說完恒星和太陽，那麼下一節就來說說行星。

14 行星是什麼呢

上一節談論了恒星和太陽的相關問題，那麼這一節開始，我們就進入行星之旅。首先，行星本身是不發光的，本身不能像恒星那樣發光，但是，行星表面是可以<u>反射</u>恒星的光芒的，所以我們就能看見它們。好比如我們之所以能看見火星，是因爲太陽照射到火星上面的光芒反射到了地球上，被我們看見。

而且行星是環繞著恒星公轉的，就好比是地球火星等行星都環繞太陽公轉。2006 年，國際天文學聯合會通過行星的新定義，包括：必須是圍繞著恒星公轉的天體，質量必須足够大，幷達到<u>流體靜力平衡</u>的形狀，也就是接近球體，然後在公轉軌道的範圍內，不能有比它更大的天體，不然就很可能會碰撞了。

截至 2020 年，太陽系一共有 8 大行星，它們分別是水星 Mercury、金星 Venus、地球 Earth、火星 Mars、木星 Jupiter、土星 Saturn、天王星 Uranus、海王星 Neptune。那麼，這八大行星可以分成三大類，分別是類地行星、巨行星和遠日行星。<u>**類地行星**</u>，也就是水星、金星、地球和火星，這些行星距離太陽都比較近，質量和半徑都比較小，但是平均密度就比較大，幷都有由<u>矽酸鹽類岩石</u>等所組成的外殼，外殼上分布著各種各樣的山脉峽穀坑道等地質構造。

第二類是巨行星，也就是木星和土星，它們有著非常稠密的大氣層，但是在大氣層下面却沒有堅實的表面，所以木星和土星主要是由液態和氣態的物質所構成的（也可能有一個固態的核心）。而第三類，則是遠日行星，也就是天王星和海王星，他們也沒有固體的表面，主要是由液態和氣態的物質所構成的（當然也可能有一個固態的核心）。這八大行星的**公轉軌道**平面基本在同一個平面上，而且它們的軌道，基本都是一個接近于正圓的**橢圓**。

在太陽系當中，在一些行星的周圍，例如土星的周圍，存在著大量由冷凍氣體和塵埃所共同構成的**光環**，在這個光環裏面的物質，環繞著這個行星運轉，而之所以我們能够看見這個光環，正是因爲這個光環裏面的物質，反射了太陽光，除了土星有光環之外，木星、天王星和海王星也是存在著光環的。

除了光環之外，還有一些**天然衛星**也可能圍繞著行星公轉，好比如，月球，也就是月亮，地球的天然衛星，它環繞著地球公轉，同時它也反射太陽光，從而被我們人類看見。

其實，在太陽系當中，各種行星的附屬天然衛星在大小和質量上面相差較大，運動的規律也不太一樣，除了水星和金星沒有天然衛星之外，其它的行星都有一些衛星，有的只有 1 個，好比如是我們的地球，有月球這個天然衛星，但是有的行星却有幾十個天然衛星，好比如，木星，它的衛星有 79 顆那麼多！

說完天然衛星，我們再來看看**小行星**，在火星軌道和木星軌道之間，還分布了幾十萬顆大小不相等，形狀也各不相同的小行星，并且一起圍繞著太陽運行，這個區域也被天文學家稱爲**小行星帶**，裏面小行星的公轉周期，大概是 3 到 6 年。

　　那行星是怎樣形成的呢？一般來說，有那麼幾種學說。

　　第一種，是**星際雲團學說**。要解釋這種學說，可以使用我們的太陽系作爲例子，我們的太陽系，在很久很久以前，其實是一個巨大的**星際雲團**，而在這個星際雲團的中心，就形成了太陽，而周圍那些星際雲團當中的星塵，也被太陽的引力所俘獲，從而在某些軌道上面，圍繞著太陽去公轉，由于**萬有引力**的聚攏作用，這些星塵不斷地碰撞在了一起，幷且越變越大，然後，吸附周圍的星塵的能力當然也就越變越大，幷且逐漸演變成**小行星**，然後這些小行星又不斷地跟其他的那些不斷變大的小行星，碰撞在一起，最終公轉軌道上就形成較大的行星。

　　第二種，是**白洞生產學說**。這種學說認為行星是從白洞裏噴射出來的，部分天文學家認爲，小型白洞比特大質量白洞，要噴射出更多數量的行星，因此白洞是行星製造工廠。

　　第三種，是**外星人創造學說**。這種學說認爲行星是由幾十億年前的外星人所創造出來的，他們可能有著各種各樣的目的，進行著各種實驗。甚至有人認爲，行星其實是科技水平非常高的外星人的**宇宙飛船**，這樣子說好像也有道理，就好像是星球大戰中的死星一樣，而外星人生活在行星內部。

第四種是**隕石撞擊學說**。這種學說認為，部分的行星，很有可能是由一顆超大質量的 A 行星撞擊另外一顆 B 行星，並且讓 B 行星發生**分裂**，分裂成 C 行星和 D 行星，然後 C 行星和 D 行星就被彈射到另外一條**公轉軌道**上面，幷且逐漸地穩定了下來，而這樣子的一種形成學說呢，主要是對于岩石行星來說的。畢竟這跟動量守恆定律和機械能守恆定律是密切相關的。

第五種，是**軌道俘獲學說**，這種學說認為我們的太陽在圍繞著銀河系的中心，也就是銀心在公轉的時候，在公轉軌道上面，碰到了一個星雲，由于**萬有引力**的作用，太陽便吸引了那個星雲的部分物質，然後這些物質就開始圍繞著太陽公轉，幷逐漸演化成行星，感覺像太陽這位老闆在招聘。

第六種，是**恒星撞擊學說**，跟隕石撞擊學說有點類似，這種學說認為，氣態行星之所以形成，是因為另外一顆恒星撞擊太陽所導致的。那麼，這六種假說，好像誰也說服不了誰，因為我們還沒有辦法乘坐時光機回到過去看一下。

說到這裏，大家對行星都有了一個更加深入的認識，下一節，就開始進入太陽系的八大行星之旅。

15 水星及其天象

　　在上一節當中，我們初步總結了太陽的八大行星，那麼從這一節開始，我們就進入太陽系的行星之旅，首先從這個水星開始說起。水星，是太陽系的八大行星之一，同時也是距離太陽最近的行星，距離太陽爲 5790 萬千米，大概是地球到太陽距離的五分之二，水星自轉一圈，需要 58 天多，而水星圍繞太陽公轉一圈，就僅僅需要大概 88 天，大概是三個月的時間。一般人，只能在發生日全食的時候，才能看見水星。

　　水星的**大氣層**非常稀薄，主要成分為 42%的氦、42%的汽化鈉及 15%的氧，所以在白天，水星表面的平均溫度高達 420 多攝氏度，而到了晚上，則下降到零下 180 多攝氏度，所以水星溫差非常大，達到 600 攝氏度，可說是一個**冰火兩重天**的世界。

　　而水星表面的**重力加速度**呢，只有 3.7 米每平方秒，換句話就是說，一個 60 千克的人在地球上面，使用**體重計**去量他的體重，是 60 千克，但他乘坐**宇宙飛船**降落水星表面，然後不調這個體重計去量體重的話，就大概只有 23 千克那麼重。

　　水星的表面有點像月球，充滿峽谷和峭壁，在平原的表面相互縱橫交錯著，訴說著水星那滄桑的過去。在水星的表面，還有一些巨大的**輻射紋**，達到幾百千米長，幾千米那麼高，而且，水星的表面到處都是**坑坑窪窪**的，這是因爲水星曾經受到無數次隕石的撞擊，部分比較大的**隕石坑**，就形成了**環形山**，例如水星上面的**卡路裏盆**

地，是水星上面一個直徑達到 1300 千米的環形山，這個卡路裏盆地是水星上面溫度最高的地方。

在水星上還有以李白、曹雪芹等名人命名的環形山。

下面，我們來看看水星的**內部結構**，水星的直徑大概是 4878 千米，大概只有地球直徑的五分之二。天文學家認爲，水星的結構，是由大概 70%的金屬和大概 30%的**矽酸鹽類岩石**所組成。那麼，水星的內部呢，也分爲三層，其中，水星的核心是一個**鐵核**，這個鐵核的體積大概占據了水星體積的 42%，如果按照目前世界每年的鋼產量來計算的話呢，如果我們人類把水星內部的鐵拿去**熔煉鋼材**，可以熔煉 2000 多億年那麼久，不過，在將來，說不定我們都可以用大型機械，好比如是變形金剛（又或者敢達 GUNDAM）進行開采了，然後如果我們要去熔煉那些鐵的話，能量來源可以是位于水星附近的強大太陽能。

在 1973 年，著名的水手 10 號探測器，居然發現水星也有磁場，雖然，這個磁場強度只有地球的 1%，但是如果水星真的有磁場的話，那麼就說明水星的內部，很有可能存在著一個高溫的正在流動的**液態金屬核心**。此外，水星的公轉軌道，是一個橢圓，是偏心的，**偏心率**大概爲 0.206，所以公轉軌道比較扁，水星圍繞太陽公轉的半徑，在 4600 萬到 7000 萬的範圍之內變化。而且，水星存在著一種叫做**水星近日點進動**的現象，出現這樣子的一種現象，是因爲水星在圍繞太陽公轉的時候，不僅僅受到**太陽引力**的影響，而且還受到了其他行星引力的影響，天文學家用愛因斯坦的**廣義相對論**去解釋這種現象（星球附近時空彎曲）。

此外，在水星快到**近日點**的時候，如果小明在水星表面上的宇宙飛船內部，通過帶有濾光的舷窗去**觀測日出**的話，那麼他將會看到太陽先上升，在水星的天空當中逐漸劃過一道弧綫，然後天空當中的太陽居然不動了，然後又朝著日出的方向的**地平綫**倒退回去，幷且消失在地平綫以下，但是，過了沒多久，太陽居然又重新升了起來，過了一段時間太陽又再次落下。

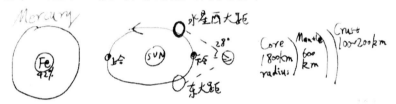

這究竟是為什麼呢？這是因為水星有大概 4 天的**近日點週期**，在這個時期內，剛開始不久，水星圍繞太陽公轉的速度達到了水星的自轉速度，于是，天空當中的太陽，看上去好像就不動了，後來水星的公轉速度甚至超過了水星的自轉速度，于是太陽看上去又重新升了起來，後來水星圍繞太陽公轉的速度逐漸慢了下來，比自轉速度還要慢，所以太陽又重新下山了。

接下來，我們來看看水星的**重要天象**。首先，水星的繞日公轉軌道有一個大概 7 度的**傾角**，當水星走到太陽和地球之間的時候，而且基本排列成一條直綫的時候，我們在太陽的圓面上，就會看到一個小黑點在緩慢地移動，這種現象就是著名的**水星凌日現象**，在發生水星凌日的時候，由于水星擋住太陽的面積實在是太小了，所以不足以讓太陽的光芒減弱，因此，用肉眼是看不到水星凌日的，可以使用帶有**巴德膜等濾光裝置**的專業天文望遠鏡進行觀測，水星凌日平均每 100 年發生 13 次，在 2016 年的 5 月 9 日也曾經發生過水星凌日，天文學家估計，下一次發生水星凌日的時間，大概是 2032 年的 11 月 13 日。

而在平時觀測水星的時候，一般是在日出之前的 50 分鐘或者日落之後的 50 分鐘進行觀察，這個時候太陽是在**地平線**以下的，所以，水星就不會被太陽的光芒所淹沒。其實，觀測水星，就涉及到了三個專業的名詞，分別是角距離、水星東大距和水星西大距，首先，**角距離**指的是兩個天體與觀測點之間所形成的角度，在這裏，如果水星是 A 的話，太陽是 C 的話，而人是 B 的話，那角 ABC 的大小就是角距離，簡稱為角距。

一般來說當兩個天體的**角距離**越大的話（幾何學和三角學的概念），我們看到在天空中這兩個天體的距離就越大。

那麼究竟什麼叫做水星東大距和西大距呢？首先，我們來看看水星東大距，**水星東大距**，指的是在日出之前或者日落之後的幾十分鐘內，我們在地球上面，看到在天空當中水星出現在太陽的東邊，幷且，我們看到天空當中太陽和水星之間的距離達到最大，也就是**角距**達到最大。那麼同理，**水星西大距**，指的就是在日出之前或者日落之後的幾十分鐘內，我們在地球表面上，看到在天空當中水星出現在太陽的西邊，幷且，我們看到天空當中太陽和水星之間的距離達到最大，也就是**角距離**達到最大值。

　　一般來說，這個**角距**最大能夠達到 28 度，換句話就是說，如果水星是 A 的話，太陽是 C 的話，而人是 B 的話，那麼角 ABC 的度數最大就能夠達到 28 度。因此，綜上所述，如果這個角距越接近 28 度，或者說，我們從地球的表面往天空上看，水星的位置距離太陽越大的話，水星所在的天空位置就相對來說越暗，所以我們就越容易看到水星了。一般來說，由于觀測水星的東大距和西大距的時候，是在日出之前或者日落之後，所以可以選擇在**高層建築**上面去看，幷且需要有好的天氣，以及較小的光污染才行，使用普通的雙筒望遠鏡，往往就能够看見水星了，要注意，如果在日出的時候，太陽快要出來的時候就不要看了，否則，就會傷害眼睛和儀器。

　　下一節，我們就來探討下金星。

16 金星及其特點

這一節，我們就來探討一下金星。金星，Venus，是太陽系的八大行星之一，同時，也是距離太陽第二近的行星，金星距離太陽大概是 1.08 億公里，大概是地球到太陽距離的四分之三。在中國古代，經常把金星叫做長庚星、啓明星或者太白金星，這是因爲，金星在天空當中的亮度僅次于月球（反射太陽光），比天狼星還要亮 14 倍，我們通常可以在清晨和傍晚看見金星，而且通常不是出現在東邊就是出現在西邊，在中國古代，清晨的金星被稱爲**啓明星**，傍晚的金星則被稱爲**長庚星**。

金星直徑大概是 12103.6 千米，只比地球小 600 公里左右，跟地球差不多，所以體積是地球的 0.88 倍，質量約爲地球的五分之四，金星赤道表面附近的**重力加速度**約爲 8.8 米每平方秒，只比地球小大概 1 米每平方秒而已。金星也是沒有**天然衛星**的，沒有天然衛星環繞金星公轉。

金星的**公轉軌道**是接近正圓的橢圓，公轉速度大概是每秒 35 公里的樣子，金星圍繞太陽公轉一圈，相當于地球上的大概 224.7 天。換句話就是說，地球上面每過大概 224.7 天，金星就圍繞太陽公轉了一圈。

而金星自轉一圈，就相當于地球上的 243 天，所以金星自轉的速度是非常慢的。金星赤道的**自轉綫速度**只有 6.5 千米每小時，是地球赤道綫速度的千分之四，金星自轉方向是**自東向西**的，跟地球的自西向東是不一樣的，所以在金星上面，太陽是**西升東落**的。而在金星大氣層看太陽，則比在地球上面看到的太陽要大 1.5 倍。天文學家認爲，金星這種逆向的自轉，很可能是因爲在很久很久以前，有一顆小行星撞擊金星所導致的。由于金星自轉所需要的時間比公轉所需要的時間還長，再加上金星的自轉是逆行的，所以在金星上的一晝夜，就相當于地球的 116 天多。而且因爲金星的自轉速度實在是太慢了，所以就導致<u>金星的磁場</u>非常微弱，從而導致太陽的<u>高速帶電粒子流</u>可以直接衝擊金星的大氣層。

下面我們先來看看金星的大氣層，首先，<u>金星大氣層</u>的二氧化碳是非常多的，達到了 97%，是一個有著嚴重<u>溫室效應</u>的星球，這就導致內部的熱量則很難透過大氣層往宇宙空間散發出去，導致金星內部大氣層空間很熱，再加上金星的大氣層還有一層厚度達到幾十公里的<u>硫酸雲層</u>，基本覆蓋整個金星表面的上空，因此，金星的大氣層非常濃密，<u>大氣壓力</u>也非常高，表面的大氣壓強達到地球的 90 倍，相當于潛水艇的外殼，在 900 米的深海當中所受到的壓強！最後，金星的<u>大氣環流</u>一圈僅僅需要大概 4 天的時間，所以金星的晝夜溫差變化非常小。

如果我們以後够乘坐一艘耐高溫耐高壓耐腐蝕的<u>宇宙飛船</u>，到達金星表面的話，我們就會看到金星的天空是<u>橙黃色</u>的，這是因爲在金星的上空有一層非常厚的<u>硫酸雲層</u>，但是硫酸雲層當中的硫酸雨并不會降落到地面，而是在天空當中的大概 25 公里的高度蒸發了。此外，還會看到金星大氣層當中有<u>雷暴和閃電</u>的存在。在 1978 年，著名的金星 12 號探測器，在從距離金星表面上方 11 公里下降到 5 公里的這段時間內就記錄到了一千次閃電！而首台降落金星表面的探測器，是 1969 年發射的金星 7 號，傳回的數據表明，金星表面溫度高達 470 攝氏度，大氣成分以**二氧化碳**爲主，并且含有少量的氮氣。此外，金星 7 號還測量出了金星的大氣壓強。在 1981 年，著名的金星 14 號探測器，甚至測得金星赤道有一股從東到西的急流，最大風速達到每秒 110 米。在 1990 年，著名的麥哲倫號金星探測器進入金星軌道，在金星軌道上運行了四年并拍攝了大量的清晰照片，利用先進的雷達系統，對金星的表面進行了詳細的拍攝，還對金星 95% 的地區進行高分辨率的**重力測量**，最後麥哲倫號金星探測器在金星大氣層中燒毀，完成了它的使命。

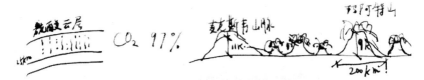

　　金星有著非常濃密的大氣層，金星的表面就需要通過探測器和射電望遠鏡的幫助才能瞭解到了。金星的表面溫度很高 約爲 465 到 485 攝氏度（沒有季節的區別），所以不存在液態水，而且在金星的表面，大概有 70% 的平原，20% 的低窪地帶及 10% 的高原。

　　在金星的表面上，最高的山脉是著名的**麥克斯韋山脉**，是以著名的物理學家麥克斯韋命名的，這座山的高度達到了 1.1 萬米，比地球上的珠穆朗瑪峰還要高出兩千多米。在金星的表面上，還有一條從南到北穿越金星赤道的大峽穀，長度達到 2200 千米，是八大行星中最大的峽穀之一。

金星，是太陽系當中擁有最多火山的行星，可以說是一個布滿火山與熔岩的煉獄，表面的幾百座大型盾狀火山以及十萬多座小型火山間歇性地進行著火山爆發，大型盾狀火山的直徑有好幾百公里，高度爲幾公里，坡度比較平緩，火山噴出的熔岩流範圍有好幾百公里，其中一條最長的熔岩流有好幾千公里那麼長。那麼，小型的盾狀火山，分布就比較廣泛了，主要分布在平原或者丘陵位置，而且是成串分布的，大多數小型盾狀火山的直徑在 100 到 200 公里之間。此外，在金星上面，最大的火山是一個叫做瑪阿特山的火山，它的高度達到 9 千多米，寬度約爲 200 千米。所以金星表面的火山是非常多的，大概 90%的金星表面，是由剛剛固化不久的熔岩所構成的（所以活火山的數量是非常多的）。

下面，我們再來看看金星的內部結構，天文學家認爲，金星的內部有一個由鐵和鎳所構成的金核，然後是由矽、氧、鐵和鎂等化合物組成的金幔，以及由矽酸鹽所組成的金殼。

那麼下一節，就來說說金星的一些重要天象。

17 金星常見天象

在上一節，我們討論了金星的自轉公轉和各種重要的物理參數等各種特徵。那麼這一節，我們就來看看金星的天象，有以下的幾種。

第一種天象，就是當金星公轉到太陽和地球之間，并且三者基本上排列成一條直綫的時候，我們就會看到一個比較大的黑點在太陽的圓面上緩慢地移動，這種現象，就是著名的**金星淩日現象**，上一次的金星淩日是 2012 年的 6 月 6 日，而下一次的金星淩日，則要等到 2117 年！

到時候相信可以使用帶有**巴德膜等濾光裝置**的專業望遠鏡進行觀測。相信到時候的科技已經很發達了，甚至已經在金星的大氣層裏面進行了殖民。畢竟在金星大氣層 50 公里到 60 多公里的地方，氣壓和溫度跟地球的表面差不多，所以有的人就提出在金星大氣層高空中，利用比**二氧化碳**密度要低的氣體，建造一些**浮力艙**，進行殖民活動。

接著，再來看看第二種天象，就是金星東大距和金星西大距。**金星東大距**，指的是在日出之前或者日落之後的幾十分鐘之內，我們在地球上面，看到天空當中金

星出現在太陽的東邊，幷且我們看到太陽和金星之間的距離達到最大，此時的角距達到最大。那麼同理，**金星西大距**，指的就是在日出之前或者日落之後的幾十分鐘之內，我們在地球上，看到天空當中金星出現在太陽的西邊，幷且，我們看到太陽和金星之間的距離達到最大，此時的角距達到最大。一般來說，這個**角距**最大能够達到 47 度，換句話就是說，如果金星是 A 的話，太陽是 C 的話，而人是 B 的話，那角 ABC 的大小最大就能够達到 47 度。因此，綜上所述，如果這個角距越接近 47 度，或者說，我們從地球的表面往天空上看，金星的位置距離太陽越大的話，金星所在的天空位置就相對來說越暗，所以我們就越容易看到金星了。然而，金星的東大距和西大距，幷不一定是金星最亮的時候，這是因爲，金星也有**陰晴圓缺**的位相變化。

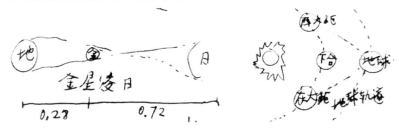

由于觀測金星的東大距和西大距的時候，一般是在日出之前以及日落之後，所以可以選擇在高層建築或者小山丘上面去看，幷且需要有好的天氣以及較小的光污染，使用普通的**雙筒望遠鏡**，往往就能够看見金星了，要注意的是，日出的時候，如果太陽快出來了就不要看了。

我們再來看看第三種天象，就是著名的**金星合月天**

象，也就是金星和月亮正好運行到同一經度上面，它們倆在天空當中看上去距離是最近的，這種天象大概每 30 天發生一次。金星合月一般出現在早晨 5 點或者是傍晚 7 點的時候，而且往往在天氣好的時候才能够看見，因爲金星也有像月亮那樣的**陰晴圓缺**的位相變化。所以，在金星合月的時候，在月亮有陰晴圓缺的時候，使用雙筒望遠鏡或者光學望遠鏡進行觀察，往往能够看見旁邊的金星也有陰晴圓缺的現象，就像是月牙一樣，也像是小船一樣，所以在這個時候，看上去月亮的這只大船就陪伴著旁邊金星的這只小船，它們兩者互相呼應，星月交輝，形影相隨，非常的有趣。

在 2020 年的 12 月 13 日，就曾經發生了**金星合月**。除了金星合月之外，還可能會出現金星和木星、金星合海王星等天象，在這個時候，我們會看到在天空當中金星的位置，距離這些星體比較近。

第四種，就是著名的**月掩金星天象**，也就是說，月亮在運行的過程當中剛好走到金星和地球的中間位置，然後三個星球連成一條直綫，并且月球把金星遮蓋住了。月掩金星不太常見，剛開始的時候，金星逐漸靠近月球，如果月球是一個月牙的話，那麼就會看到在月牙的邊上，明亮的金星在不斷地靠近月牙，然後過了一會兒，就消失在了月亮的背面，在 2015 年的 10 月，在廣東也曾經出現過月掩金星的天象。

第五種，就是著名的**五星連珠現象**，這種天象是非常罕見的，在五星連珠的時候，在天空當中，會看到金木水火土五顆行星同時出現在天空當中的同一個方向上，并且從高到低基本連成一條直綫。而這種天象，并不會對地球造成什麼影響，天文學家經過測算，就算水星、金星、地球、火星、木星和土星在太陽系的俯視圖上面，真的排成一條直綫的話，它們**萬有引力**的合力對地球的影響，也只有月球對地球引力的六千分之一，更何況由于公轉的速度是不一樣的，所以是很難全部排成一條直綫的。因此在古代，人們認爲五星連珠是祥瑞之兆或者是不祥之兆，都是沒有科學根據的，而上一次的**五星連珠**，發生在 2000 年 5 月 20 日，而下次的五星連珠則要等到 2040 年 9 月。

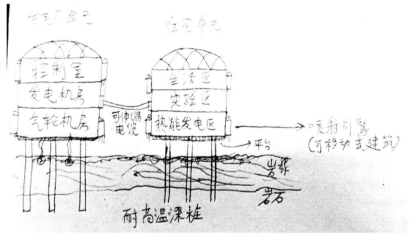

附加手繪：金星表面建築設計構想

18 美好家園地球

　　這一節，就來深入探討一下我們人類共同生活的家園，也就是地球。地球是太陽系的八大行星之一，是距離太陽第三近的行星，距離太陽大概有 1.5 億公里，約等于一個**天文單位**，也就是 1AU。地球的位置恰好讓生命存在。地球的**平均半徑**約爲 6371 千米，是一個兩極略扁赤道略鼓的不規則的**橢圓球體**，地球的表面積大概是 5.1 億平方公里，其中有大概 71%的海洋和 29%的陸地，也就是俗稱的七分海洋三分陸地。

　　地球的自轉是**自西向東**的，赤道上面**自轉綫速度**大概是 465 米每秒，也就是大概 1674 公里每小時，大概是高鐵速度的 5 倍。地球圍繞太陽公轉的**平均速度**，約爲 29.8 公里每秒，大概是 10.7 萬公里每小時，大概是高鐵速度的 300 倍，地球圍繞太陽**公轉軌道**的偏心率非常小，所以公轉軌道接近于一個正圓。地球的公轉軌道面和地球的赤道面，有一個 23 度 26 分的夾角，稱爲**黃赤交角**，地球四季變化就是它所造成的。（也是北回歸綫和南回歸綫出現的原因）

　　地球的質量，大概是 5.972 乘以 10 的 24 次方千克，而地球赤道附近的**重力加速度**約爲 9.78 米每平方秒，而北極附近重力加速度則約爲 9.83 米每平方秒（小明在赤道量體重 50KG，在北極會變成 50.26KG）。

　　我們先來看看地球的**大氣圈**，地球的大氣圈沒有確切的上界限，一直到 1.6 萬公里的高空還存在著稀薄的氣體和粒子。地球大氣圈的成分，主要有 78.1%的氮氣，

20.9%的氧氣，0.93%的氬氣，還有少量的二氧化碳、稀有氣體以及水蒸汽，而這個，可以說就是我們平常所呼吸的空氣了。地球大氣圈的總質量，僅僅相當于地球總質量的 0.86%，大氣圈從外部到內部，可分爲散逸層、電離層、中間層、平流層和對流層。

　　下面開始地球之旅。先從**散逸層**開始說起，散逸層的空氣非常稀薄，是大氣層向宇宙空間過渡的區域，沒有什麼明確的邊界，這裏太陽紫外綫和宇宙射綫較爲强烈（這裏溫度高，粒子運動快）。

　　散逸層再往下，就是**電離層**，位于地球表面以上 50 公里到 1000 公里的範圍內。在這裏，大氣層當中的分子和原子，在太陽紫外綫、X 射綫和宇宙高能粒子流的作用下面發生電離，形成許多自由電子和離子，并且能够讓無綫電波發生折射、反射和散射。電離層頂部的大氣比較稀薄，在這裏，由于受到**地球磁場**的控制，所以會發生**電離遷移運動**，所以在電離層上部的這個位置，也被稱作磁層。而電離層的底部附近區域，大氣就相對稠密一些，自由電子也消失得比較快，大氣趨于不導電。

　　好了，電離層往下就是**中間層**，中間層再往下就是**平流層**，也叫做同溫層，大概在地球表面上 10 到 50 公里的範圍內，**民航客機**一般就是在平流層的底部飛行的，因爲這裏的能見度高，而且大氣不怎麼對流。此外，在平流層裏面含有大量豐富的**臭氧**，吸收了太陽的紫外綫，從而保護了地球表面的生物，而且，因爲臭氧吸收了太陽大量的紫外綫，所以會被加熱，因此，平流層的溫度會隨著高度的上升而上升。

好了，我們平時坐飛機坐舷窗邊的人都知道，當飛機在平流層平穩飛行的時候，一般會看到下面有一片美麗的雲海，其實，這個雲海的頂部，可以看作是**平流層**的底部了，飛機降落之前就會飛進這片雲海，于是就飛進了位于平流層下方的**對流層**了（起飛時則往上飛入平流層）。

對流層的範圍，從**平流層**的底部一直到達地球的表面，這個對流層，集中了地球 75% 的大氣質量以及 90% 以上的水汽質量，這裏的氣溫隨著高度上升而降低，平均每上升 100 米降低 0.65 攝氏度。

好了，對流層再繼續往下，就是水圈和岩石圈。我們先來看看水圈，地球**水圈**的總質量，也僅僅只有地球總質量的 3600 分之 1，海洋的水的質量就占據了地球水圈總質量的 97%，此外，還有 2.5% 的淡水和 0.5% 的以其他形式存在的水。在對流層的下方，除了水圈以外，還有**岩石圈**，岩石圈的平均厚度大概是 100 公里，可以分為沉積岩層、花崗岩層和玄武岩層等的岩層，是我們人類地理學家研究得比較透徹的一個區域。

那麼，這些大氣圈、水圈以及岩石圈，就共同構成了生物所生存的環境。在地球上面，生物包括植物、動物和微生物。據統計，目前在世界上有植物 40 多萬種，動物 110 多萬種，微生物有 10 多萬種，這些生物，分布在岩石圈的上層部分，大氣圈的下層部分以及整個水圈，形成了在太陽系當中一個獨特的**生物圈**。在大氣圈、水圈、岩石圈和生物圈的共同作用下面，地球表面的平均溫度，大概是 15 攝氏度，而在地球表面上，最冷的地方，是位于南極洲的一個地方，達到零下 98 攝氏度，而地球表面上最熱的地方則位于盧特沙漠，溫度達到了 71 攝氏度。

在地球的表面上，最高的山峰是**珠穆朗瑪峰**，高度達到了 8848.86 米（2020 年新測定高程），而地球海洋的最深點，則是著名的**馬裏亞納海溝**，低于海平面大概 11034 米。

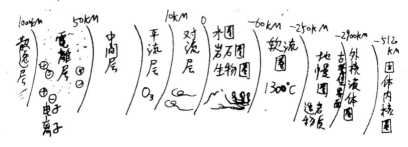

接下來，我們開始進入地球的內部之旅，首先在岩石圈的下方，是著名的**軟流圈**，位于地下 60 到 250 公里的範圍內，這裏的平均溫度約爲 1300 攝氏度，岩石以**半粘性狀態**緩慢地移動著，地震波的波速在軟流圈明顯下降，這裏的岩石圈底部的**板塊**就是在軟流圈的上面移動的。

軟流圈繼續往下，一直到地球內部大概 2900 公里的深度的這個範圍內，屬于**地幔圈**，在這裏主要由緻密的**造岩物質**所構成，而且很有可能是岩漿的發源地。而地幔圈再往下，就要通過一個叫做古登堡界面的分界面。地震波通過這個**古登堡界面**之後，縱波也就是 P 波就會突然下降，而橫波，也就是 S 波就完全消失了。這究竟是爲什麼呢？這是因爲古登堡界面以下就是**外核液體圈**，而這個橫波是不能够通過液體圈的。

這個外核液體圈，位于地面以下 2900 到 5120 公里的深度，是由粘度比較少的**液體**所構成的。再繼續往下，就是**固體內核圈**，位于地面以下 5120 到 6371 公里的深處，是固體的結構，主要是由鐵和鎳等元素所構成的，溫度達到 5500 到 6000 攝氏度（地球空心假說認爲不是這樣，這個以後會再去探討）。

好了，說完地球的內部結構，我們再來看看地球的磁場。地球的磁場，更好地保護了我們免受太陽風以及各種宇宙射綫的襲擊，地理學家認爲，地球的磁場是由于**外核液體圈**當中的化合物不斷流動所導致的，這種理論也被叫做地磁學的**電機理論**（Dynamo Theory）。說到這裏，相信大家對地球都有了更加深入的認識，下一節我們就來瞭解下圍繞地球公轉的天然衛星，也就是月球。

19 月球及其起源

在這一節當中，我們來深入探討一下地球的**天然衛星**，也就是我們的月球。月球，就是我們俗稱的**月亮**，古代又被稱為太陰，是環繞地球運行的一顆**固態衛星**，也是距離地球最近的天體，平均距離大概是 38.4 萬公里，距離地球最近的時候為 36.3 萬公里，最遠也有 40.5 萬公里（所以月球圍繞地球公轉的軌道是一個**橢圓**，存在著近地點和遠地點）。

月球本身并不發光，而是**反射太陽光**到達地球，從而被我們看見，月球反射的太陽光大概用 1.3 秒到達地球。月亮也有**陰晴圓缺**的位相變化，包括朔月、蛾眉月、上弦月、盈月、**滿月**、虧月、下弦月和殘月，平均 29.53 天循環一次。而且，因為月球到地球的距離相當于地球到太陽距離的 1/400，所以，從地球上看上去，月球和太陽差不多一樣大。

其實嚴格來說，月球是圍繞著距離地球核心 4700 公里的一個共同的**質心**運轉。月球圍繞地球公轉的平均速度大概是 1023 米每秒，也就是大概 3682.8 公里每小時，大概是高速鐵路的速度的 10 倍。

月球自轉一圈需要 27.32 天，圍繞地球公轉一圈也需要 27.32 天，所以月球自轉和公轉周期是相同的，這種現象被天文學家稱為同步自轉，也被叫做**潮汐鎖定**，幾乎是太陽系中天然衛星的普遍規律，所以月球的正面是永遠朝著地球的，而月球背面的大部分區域都是看不見的，只能够利用探索衛星或者**宇宙飛船**去探測，而通常這個衛星到達月球背面之後，如果沒有**中繼站**的話，就難以接收到地球表面所發射過來的<u>無綫電波</u>。而月球對地球引力影響的結果，就是地球上面的<u>潮汐現象</u>，潮汐現象讓地球的水圈產生各種運動（錢塘江大潮也與月球的位置有關）。

　　月球的直徑大概是 3476 千米，大概是地球的 11 分之 3，因此，月球的體積只有地球的 1/49，月球的質量約爲 7.35 乘以 10 的 22 次方千克，僅僅爲地球的 1/81，月球赤道表面的<u>重力加速度</u>爲 1.622 米每平方秒，大概是地球表面赤道重力加速度的六分之一。換句話就是說，60 公斤的小明在地球上面量他的體重是 60 公斤的話，如果他乘坐宇宙飛船到達月球表面，不調整<u>體重計</u>去量體重的話，那麼就只剩下 10 公斤了。

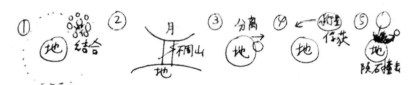

　　在月球的表面，到處都是<u>環形山</u>，大于一公里的環形山多達 33000 多個，最大的環形山是位于南極附近的<u>貝利環形山</u>，直徑達到了 295 公里，而在月球的背面，環形山比正面還要更加多一些。此外，我們還會看到月球表面上，有比較暗的部分，這些地方實際上是月球上面的廣闊平原，也叫做<u>月海</u>，例如<u>風暴洋</u>，是月球上面最大的月海，從南邊到北邊大概有 2500 公里，面積大概有 400 萬平方公里。月球上還有<u>輻射紋</u>，最著名的是<u>第穀環形山</u>的輻射紋，最長的達到 1800 公里。月球上面還有裂谷，最著名的是<u>阿爾卑斯大月穀</u>，長度達 130

公里，寬度 10 公里。

　　月球表面上大氣非常稀薄，再加上表面物質的熱容量和導熱率都很低，所以**晝夜溫差**非常大，白天溫度最高可以達到 170℃，而到了夜間則降低到-180℃。月球的年齡大概有 45 億年，月球的內部結構可以分爲月殼、月幔和月核。月球的礦產資源非常豐富，表層含有大量的氦 3 以及**鈦鐵礦**，其中，氦 3 是未來進行**核聚變發電**的重要燃料之一，甚至還能作爲宇宙飛船的燃料（例如核聚變等離子噴射引擎等先進技術），此外，月球上還有著名的**克裏普岩**，這種岩石富含鉀、磷和稀土元素。

　　那麼，月球究竟是怎麼形成的呢？有那麼幾種假說，我們可以看一下的：第一種，就是**岩塊結合學說**，這種學說比較好理解，就是在太陽系的早期，在形成地球的時候，在地球的附近，聚攏了一些星塵岩石和碎片，它們不停地圍繞著地球公轉，由于萬有引力的作用，這些星塵和岩石碎片不斷地聚攏，幷且碰撞在了一起，然後逐漸形成了月球。

　　但是，阿波羅 12 號宇宙飛船從月球表面上帶回來的**岩石樣本**表明，部分岩石比地球的年齡還要大，因此，第二種學說就出來了。

　　第二種學說，就是著名的**外星人創造學說**，這種學說認爲，月球其實是外星人的宇宙飛船，是在很久很久以前，外星人在太陽系外面的地方建造好了之後，駕駛著來到地球附近的，所以部分的岩石比地球的年齡還大就能够解釋得通了。而且這種學說認爲，月球在過去曾經是跟地球連接在一起的，而這個連接的通道，就是著名的**不周山**（當時不周山附近因爲受到月球巨大引力的作用，所以有很多海水，山海經記載的也是四面環海），而當共工怒撞不周山之後，月球便相對地球發生位移，不周山旁邊的海水開始散開，從而導致地球發生了大洪水以及**地軸轉移**，月球也繼續慢慢離開地球了，當然在不周山被毀之後，在月球的表面上也就穿了一個大洞，所以**女媧補天**其實補的就是這個洞。這是因爲，按照這種假說，月球在以前是很靠近地球的，所以原始時代的人類才會看到女媧在補天。而**後羿射日**，射擊的其實并不是太陽，射擊的其實是那些修補月球表面的洞的**宇宙飛船**，這是因爲這些宇宙飛船正在**熔煉合金**，并且發出耀眼的光芒，古代沒有什麼科學知識的人們，認爲是太陽其實也是一件很正常的事情。不過，有的人認爲，後羿拿著的其實并不是弓箭，而是控制宇宙飛船熔煉合金的，長得又很像弓箭的**控制器**，來控制這些宇宙飛船熔煉合金的熱量，不會傷害到地球表面的生命。

最後，這個不周山，普遍認爲位于四川省附近，而三星堆也位于四川省，所以筆者猜想因爲這樣，**三星堆**才會有那麼多奇怪的高技術文物出土，都是當時高級工業的産物（有興趣的朋友們可以網上搜索一下，三星堆甚至還有跟汽車羅盤很像的高技術産品）。

因此這種學說是非常有趣的，因爲它把各種各樣的神話傳說都聯繫在一起，而且説明**史前時代**可能曾經發生過一場跨越地月系的星際戰爭。

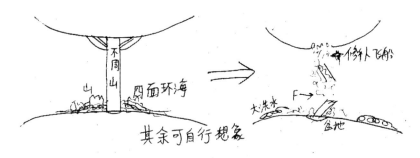

　　第三種學說，就是**自轉分離學說**，這種學說認爲，在很久很久以前，月球本來就是地球的一個部分，後來因爲地球的轉速太快了，所以把地球上面的一些物質拋了出去，這些物質拋了出去之後，來到了一個軌道上面，幷且在萬有引力的作用下又重新聚攏在了一起，幷且逐漸形成了月球，而在地球上面那個遺留下來的大坑呢，就是著名的**太平洋**了。

　　第四種學說，就是**地球俘獲學說**，這種學說認爲，月球本來只是在太陽系當中不斷游蕩的小行星，後來不知道爲什麼，居然運行到地球的附近，幷且被地球的引力俘獲了（這就跟一位老闆在招聘員工差不多）。

　　第五種就是**隕石撞擊學說**，這種學說認爲，在地球剛形成不久的時候，有一個巨大的隕石撞擊了地球，不但導致地球的地軸傾斜，而且還撞飛了地球上面的大量物質，這些物質被拋離到一個軌道上，而且受到萬有引力的作用重新聚攏在一起，變成一個熔融狀態的月球，後來逐漸冷却變成今天這個樣子。

　　可見，這五種學說誰也說服不了誰，還是那句話，畢竟我們沒有時光機回到過去看一下，所以對于**星球的**

考古是非常重要的。相信到這裏，大家對月球都有了一個更加深入的認識，下一節，我們就來看看月球的重要天象。

附加手繪：月球地下建築功能分區猜想示意圖。

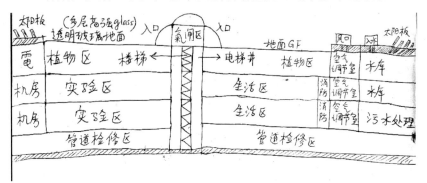

附加手繪：月球穹頂的基本結構與猜想示意圖。

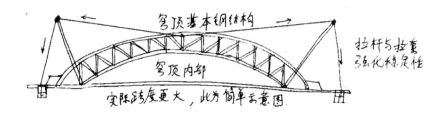

20 月食日食現象

在上一節當中，我們深入探討了月球的各種重要的物理參數以及月球起源的好幾種假說，那麼在這一節，我們就來探討下關于月球都有哪些重要的天象 (Celestial phenomena of the moon)。

月球的第一種重要天象，就是**月食**，我們都知道，當太陽光照射地球之後，就會在地球背面的**星際空間**出現陰影，如果月球剛好運行到地球的這個陰影部分，并且太陽、地球和月球基本排列在同一條直綫上面的時候，月食，就發生了(英文名：Lunar eclipse)。

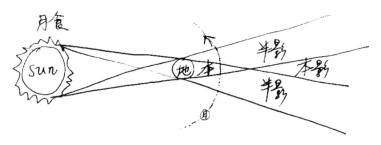

在深入分析月食之前，我們先來舉一個例子，如果，你在一個大的**燈泡**附近，放一個小的**塑料球**，那麼，你就會看到這個小塑料球的陰影，會出現兩個部分，一個部分是完全暗的部分，在物理學上面，被稱爲**本影**，還有一個，是半明半暗的模糊部分，在物理學上面，被稱爲**半影**。同理，太陽光照耀地球，地球陰影也可以分爲本影和半影，按照本影和半影，月食被分成了三大類，分別是月偏食、月全食以及半影月食。

首先，在地球陰影的範圍之內，存在著一個沒有受到太陽光綫直射的完全暗的部分，也就是**本影**，那麼如果月球一部分進入本影的時候，就會發生**月偏食**，而對于月偏食來說呢，則只有初虧、食甚和複圓這三個階段，月球看上去就像是被咬了一口似的，所以古人也稱爲**天狗食月**。

那麼，如果月球整個都進入本影的時候，就會發生**月全食**了。通常來說呢，月全食的過程可以分成**五個階段**，分別是初虧、食既、食甚、生光和複圓，下面，我們來講個**小對話**來說明這個過程：現在，拿出天文望遠鏡看月食吧！……哎喲！你看！月球的邊緣開始變黑了！對啊！月球剛剛開始被地球的**本影**遮擋住了！月球與地球的本影發生第一次的外切！這一刻叫**初虧**！……哎喲！月球上面變黑的部分越來越多了！唔，估計月球快要全部進入地球本影了！幷且和地球的本影，發生第一次的內切了！已經快到**食既**了！……哎喲！你看！月球的表面開始出現**紅色**了！噢噢！**食甚**終于來了！那爲什麼會出現紅色呢？呵呵，那是因爲，在食甚的這一刻，月球的圓面中心和地球**本影中心**是最接近的，太陽光通過地球的大氣層發生**折射**，讓光綫向內側偏折，其中紅光的偏折程度是最大的，然後照射到月球的表面上，月球的表面就呈現出**紅銅色**或者暗紅色了咯，于是，著名的**紅色月亮**就出現了，至于月球表面的顏色，是跟地球大氣層**偏折光綫**的程度是有關係的……哎喲，你看！月球上開始重新反射太陽的直射光了！呵呵，這一刻叫**生光**！是月球和地球的本影，發生第二次的內切！……看！月球上面越來越多的太陽直射光反射過來了！對！月球正在逐漸離開地球的本影，等一下，當月球與地球本影發生第二次外切的時候，月球就會**複圓**！

看完這段話，相信大家對月全食都有了更深入的認識。

發生**月全食**的時候，月球表面的月球車及圍繞月球公轉的人造衛星，都會進入地球巨大的**陰影區域**當中，估計有好幾個小時都沒有陽光的照射，對于這些月球車和人造衛星來說確實是一種考驗。

此外，在地球的陰影範圍內，還有一些地方受到了部分太陽光綫的直射，是半明半暗的模糊部分，也就是半影，那麼有的時候，月球并不會進入本影，而只會進入地球的**半影區域**，這就被稱爲半影月食，發生**半影月食**的時候，月球的邊緣并不會被地球的本影遮擋，月球看上去只是暗了一點。一般來說，每年發生月食的次數一般爲 2 次，最多的時候可能會發生 3 次，但是也可能不發生。地球上的天文觀測表明，在每 100 年當中，半影月食占了 36%，而月偏食占了 34%，月全食占了 30%。

最後，有的人在想，**月環食**究竟存不存在？其實是不存在的，因爲月球的直徑比地球要小（也就是地球的本影比月球要大得多）。

下面，我們來看看關于月球的第二種重要天象，就是著名的**日食現象**，我們都知道，月球圍繞著地球公轉，而地球則圍繞著太陽公轉，而當月球圍繞著地球公轉的時候，剛好來到了地球和太陽之間的位置，這個時候，太陽、月球和地球三者剛好排列成同一條直綫，然後我們會看到月球部分或全部把太陽擋住了，月球的影子落在地球上，日食發生了。

　　觀測日食，一定要使用帶有**巴德膜等濾光裝置**的專業天文望遠鏡，否則，就會嚴重傷害眼睛和儀器（確保買的巴德膜是正品的）。日食可分成四種，分別是日偏食、日全食、日環食和全環食。

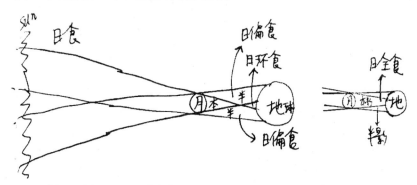

　　第一種，是**日偏食**，是最常見的日食，發生日偏食的時候，月球只擋住了太陽的一部分光芒。第二種，是**日全食**，通常只能在地球上面一塊比較小的區域看到，這是因爲太陽的體積比地球要大得多，所以月球的影子在地球表面上的範圍是有限的，因此，只有在**月球本影**當中的人，才能够看到日全食，所以在古代，科技并不發達，民間稱作**天狗食日**。

　　日全食的過程也可以分爲初虧、食既、食甚、生光和複圓五個階段，下面我們再來講個小對話來說明這個過程：現在，拿出帶超級巴德膜的天文望遠鏡看日食吧！……哎喲！你看！月亮的東邊緣開始接觸太陽的圓面了！太陽的邊緣開始被月亮遮住了！對啊！這一刻叫**初虧**！……哎喲！你看，月球邊緣上面居然出現一些很耀眼的珠子哦！那其實是因爲月球表面**凹凸不平**，陽光透過那些縫隙照射過來而已！其實那也叫做**貝利珠**！月球快要把整個太陽遮住了！快到**食既**了！……哎喲！你看！太陽的周圍有一圈白色的物體耶！那其實是太陽的**日冕**！現在已經到達**食甚**了！這個時候，月面中心和日面中心距離最近的！……哇！你看，太陽的光芒又開始冒出來了！好美麗的**鑽石環**耶！還有**貝利珠**耶！對啊！這叫做**生光**！……唔，這個月球遮住太陽的面積又開始變小了，太陽快要**複圓**了！

　　看完這段對話，相信大家對日全食都有了一個更加深入的認識，那麼，我們再來看看第三種日食。第三種，是**日環食**，通常發生在月球處于**遠地點**附近，也就是差不多距離地球最遠的時候，這個時候，月球幷不能完全遮蓋住太陽，所以在月球的周圍就會出現一圈亮環。而第四種日食，就是**全環食**，發生的概率非常小，在全環食發生的時候，日環食和日全食這兩種現象會先後出現。相信說到這裏，大家對月食和日食都有了一個更加深入的認識。

21 月球其他天象

在上一節當中，我們探討了月食和日食的現象，它們分別是月球的第一個和第二個重要天象，那麼這一節，我們就來看一下除了月食和日食之外的其他重要天象，首先來看看月球第三個天象。

第三個天象，就是著名的**月球位相變化**，也叫月相。是在天文學當中，對于地球上面看到的月球被太陽照明部分的一個稱呼。這是最常見的月球天象，正所謂人有悲歡離合，月有陰晴圓缺，說的就是這個。我們知道，太陽、地球和月球在星際空間當中的相對位置，是在有規律地變動的，在月球上，只有被太陽照射的部分，才能夠反射太陽光到達地球，而我們人在地球上面的不同位置看月球的月相，是不一樣的。

月球的**月相變化**，通常是分成四個節點的，第一個節點，就是**朔**，這個時候月球以黑暗面朝向地球，通常是與太陽同時出沒的，所以地面上很難看見，這一天通常是**農曆初一**。第二個節點，是**上弦月**，這個時候，我們看到月球向著地球的那個半球反射太陽光的部分，大概有一半的樣子，這個時候大概是**農曆初七和初八**。第三個節點，就是**滿月**，這個時候月球被太陽照亮的那個半球正好對著地球，所以我們看到了滿月，**也稱爲望**，一般是在**農曆十五和十六**的時候。第四個節點就是**下弦月**，我們看到月球向著地球的那個半球反射太陽光的部分，也是大概只有一半的樣子，這個時候一般是在**農曆二十三**。然後月球的月相變化又朝著第一個節點，也就是**朔**出發了，到達朔之後，又開始新的循環。

再來看看月球第四個天象，就是著名的**超級月亮天象**。在這個時候，月球距離地球是比較近的，同時，月球的月相變化，來到了滿月的這個節點附近。天文觀測表明，月球大概每經歷 14 次陰晴圓缺的**月相變化循環**，也會同時經過 15 次近地點，所以，超級月亮的周期，大概是 413.4 天。在超級月亮發生的時候，我們可以看到比平時更大更美麗的月亮，亮度甚至比平時還要高30%，所以，非常適合拍照月球表面的特寫。而超級月亮對地球的影響并不大，主要影響的是地球水圈的**潮汐活動**（例如使得錢塘江大潮變得更加壯觀），所以沒有必要過分擔心。

說完月球第四個天象，我們來看看月球的第五個天象，就是著名的**藍月亮**，這是非常罕見的天文現象，而且是跟地球的大氣層有關的，地球大氣層中的烟霧和塵埃顆粒對月球反射過來的太陽光產生了折射，所以就讓月球看上去變藍了。當然這種天象也不會對地球產生什麼影響。

說完月球第五個天象，我們來看看月球的第六個天象，就是**行星合月**等之類的天象，在這裏，合是指結合的合，拿**水星合月**來說的話，就是在夜空當中，我們看到水星和月球的距離達到最近，換句話就是說，水星會出現在月球的旁邊，水星合月是比較罕見的。此外，還有**金星合月**，這種天象我們在之前討論金星天象的時候也曾經談過，就是在夜空當中，我們看到金星和月球的距離達到最近。接著，還有**火星合月**，就是在夜空當中，我們看到火星和月球的距離達到最近，這個時候，紅色的火星與銀白色月亮互相輝映。除此以外，還有**木星合月**，木星合月的觀賞效果也是非常好的，當然咯，還有**土星合月**等美麗的天象。一般來說呢，觀察這些行星合月的天象的時候，都是在日出之前、日落之後或者夜晚的時候，可以用雙筒望遠鏡或者天文望遠鏡進行觀測。

說完月球第六個天象，我們再來看看月球的第七個天象，就是著名的**三星伴月**，這個時候，在夜空當中，我們會看到火星、土星和心宿二這三顆星星，同時距離月球都比較近（有的時候是木星土星或者火星陪伴著月球，并不一定是心宿二）。那麼有的人就問了，**心宿二**究竟是什麼呢？其實，它是一顆光度比較大的**紅超巨星**，我們在後面講到**航海九星**的時候，還會再深入探討（航海九星分別是：軒轅十四、畢宿五、北河三、北落師門、婁宿三、角宿一、心宿二、牛郎星、宰宿一）。

說完月球第七個天象，我們來看看月球的第八個天象，也就是**四星伴月**，在這個時候，金星、火星、土星、水星一起，在天空當中的月球位置附近，陪伴著月球，所以看上去，感覺月球小夥伴又變得更多了。（星體伴月有時候會伴隨著**月掩星體**的現象，例如月球伴土星的時候，緊接著可能會把土星遮掩住，月球伴畢宿五的時候，緊接著可能會把畢宿五遮掩住。如果遮掩的星體是太陽系行星，就會被稱爲**月掩行星**，而如果遮掩的星體是太陽系外的恒星，就會被稱之爲**月掩恒星**了）。

說完月球的第八個天象，我們來看看月球的第九個天象，也就是**天平動**，這種天象是不太明顯的。月球的天平動，意思是搖擺當中的平衡，造成這種現象出現是有幾個重要原因的，這些原因呢，就比較考驗大家的**立體幾何**知識了，下面我們來看看這些原因都有哪些。第一個，就是月球圍繞地球公轉的軌道是存在**偏心率**的，所以就導致月球的公轉和自轉速度之間存在著微小的差异，當月球運行到近地點附近，也就是距離地球差不多最近的位置時，公轉速度就比自轉速度暫時要快一點，所以我們就可以看到月球東部最遠達到**東經 98 度**的地區，而當月球運行到遠地點，也就是距離地球最遠的時候呢，自轉速度就反過來比公轉速度暫時要快一些，可以看到月球西部最遠達**西經 98 度**的地區。換句話就是說，我們會看到月球在東西方向上，也就是經度方向上像天平一樣來回擺動，擺動的角度範圍接近 8 度，因此這種天平動也叫**經度天平動**。

說完第一個原因，我們再來看看第二個原因，第二個原因就跟白道面有關了，**白道面**，指的是月球圍繞地球公轉的軌道平面。因爲月球的自轉軸與跟白道面互相垂直的法綫有 6 到 7 度的夾角，所以我們就會看到月球在南北方向上，也就是緯度方向上面，像天平一樣地來回擺動著，擺動的角度範圍接近于 7 度。因此，這種天平動也叫**緯度天平動**。

此外，還有第三種原因，就是由于地球本身自轉所造成的**周日天平動**，最後還有第四種原因，是由月球本身擺動所引起的**物理天平動**。

因此月球在圍繞地球公轉的時候，月球其實在不斷地搖晃著，只不過因爲在地球看上去**搖晃得太慢了**我們沒怎麼發覺到而已。

現在，月球正以每年 3 到 4 厘米的速度遠離地球。但是要完全離開地球，則起碼要**幾億年**的時間（那個時候人類可能遍布整個銀河系了）。

由此，我們可以總結出月球的**九大天象**，分別是月食、日食、月相變化、超級月亮、藍月亮、行星合月、三星伴月、四星伴月和天平動。

好了，相信大家看完月球的這九大天象，都會大開眼界。那麼下一節，我們就離開**地月系統**，繼續遠離太陽這顆恒星，去探索更加深處的宇宙星空，接下來我們要探索的，是距離太陽第四近的行星，也就是火星，它很可能是我們未來要開發的重要星球，我們下一節繼續。

22 火星及其天象

火星，是太陽系的<u>八大行星</u>之一，是距離太陽第四近的行星，屬于<u>類地行星</u>。在中國古代，火星又被稱爲<u>熒惑星</u>，這是因爲火星呈現紅色，有的時候從西向東運動，有的時候又從東向西運動，讓古人感到迷惑，所以就被古人稱爲熒惑星了。火星的直徑是 6794 公里，大概只有地球直徑的 53%，所以火星的體積只有地球的大概七分之一，火星的質量是 6.4 乘以 10 的 23 次方千克，大概只有地球的<u>九分之一</u>。火星自轉一圈需要大概 24.6 小時（24 小時 39 分鐘），長一點，跟地球是差不多的。

火星距離太陽大概有 2.28 億公里，是地球距離太陽的 1.52 倍，火星圍繞太陽公轉一圈，需要 687 天，差不多是地球的兩倍。火星的公轉軌道是<u>橢圓形</u>的，在近日點和遠日點之間的溫差將近 160 攝氏度。而火星在圍繞太陽公轉的時候，通常有的時候距離地球比較近，最近可以達到 5500 萬公里，而有的時候，距離地球比較遠，最遠超過 4 億公里。

火星圍繞太陽公轉的軌道平面叫做<u>火星黃道面</u>，火星的自轉軸與火星黃道面的夾角大概是 66 度，所以，火星的自轉軸也是傾斜的，因此火星也有<u>四季變化</u>。下面，我們再來看看火星的大氣層。

火星的大氣以<u>二氧化碳</u>爲主，大氣層的密度只有地球的 1%，可謂非常稀薄，也非常的乾燥，而且缺少板塊運動，所以很難進行碳循環，因此可以說是一個缺少溫室效應的星球，雖然是這樣，但是火星上面依然會在某些時候刮巨型的<u>沙塵颶風</u>和大風暴，部分特大沙塵暴甚至達 180 米每秒的風速，幷還能從南半球橫跨北半球，可謂是火星上面的超級沙塵暴（想深入瞭解火星，推薦去玩名字叫一款 Surviving Mars 的火星游戲，還有款名叫 Per Aspera 的游戲）。

正是因爲火星的**大氣層**非常的稀薄，所以火星表面的平均溫度，大概是零下 55 攝氏度，白天赤道附近最高溫度達到 20 攝氏度，而到了晚上，則可以下降到零下 80 攝氏度。火星表面基本上是橘紅色的，這是因爲火星的表面存在著大量的**赤鐵礦**，也就是氧化鐵，此外火星的表面還分布著大量的沙丘、礫石、峽谷和隕石坑。著名的**好奇號**火星探測器使用最先進的儀器設備，在探測火星上岩石樣品時，發現岩石的內部居然含有磷、氮、氫、氧、碳等的重要化學元素（工業生產重要元素）。

此外，火星表面的地貌分布非常獨特，南方是充滿了隕石坑的**古老高地**，而北方則是被過去的熔岩所填平的**年輕平原**，在南方和北方之間以明顯的斜坡分隔開來（這種地貌是很獨特的行星地貌）。

火星的地質活動不太活躍，火山分布是以熱點爲主的，最高的山是**奧林帕斯山**，也是太陽系最高的山，直徑超過 600 公里，高度有 27 公里那麽高，大概是珠穆朗瑪峰高度的 3 倍，中心火山口的直徑超過 80 公里，幷且由高達 6000 米的懸崖環繞著。火星上的最大峽谷是**水手號大峽穀**，長度達到 4500 公里，寬 200 公里，是地殼張裂所造成的。

火星赤道附近的**重力加速度**大概是 3.72 米每平方

秒，只有地球赤道附近重力加速度的 38%，換句話就是說，如果小明在地球上使用體重計量他的體重是 60 公斤，那麼如果他乘坐宇宙飛船來到了火星的表面，不調整**體重計**去量體重的話就只有 22.8 公斤咯（實際上小明沒有變瘦）。

在火星的**兩極地區**，存在由水冰和固態二氧化碳，也就是乾冰組成的極冠，極冠在火星冬天的時候增大，而夏天的時候消融，在火星兩極，還可能存在著已經凝固成冰的水。所以，火星上面是很有可能存在著微生物的，而且，火星的過去，是很有可能曾經存在過河流和海洋的。

此外，火星的磁場非常微弱，所以，太陽的高速帶電粒子流就可以侵蝕火星的大氣層，并且讓火星的表面，變得荒蕪。

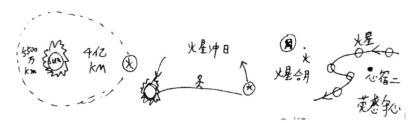

火星有兩個**天然衛星**，分別是火衛一和火衛二，形狀都是不規則的，可能是火星俘獲的小行星。火衛一呈現出土豆的形狀，大概是 27 公里長、22 公里寬、18 公里高，比火衛二要大。火衛一距離火星大概有 9380 公里，火衛一上面有一個巨大的隕石坑，叫做斯蒂克尼隕石坑。而火衛二，距離火星大概有 23460 公里，距離火星比火衛一要遠那麼一萬多公里，大概 9 公里長、7 公里寬、6公里高，體積幷不大。

　　下面，我們再來看看關于火星的**重要天象**。第一個重要天象，就是著名的**火星沖日**，在這個時候呢，地球剛好運行到火星和太陽之間，我們會看到太陽剛剛從西邊下山，火星就從東邊升起，然後我們基本上一整晚都能够觀測火星，一般來說，發生火星沖日的時候，火星距離地球是比較近的，火星的亮度也是一年當中最亮的。而當地球位于遠日點，而火星位于近日點的時候，地球距離火星是最近的，這個時候，火星看上去是最亮的，于是，火星沖日的升級版，**火星大沖**就發生了。一般來說，火星大沖大概每 15 到 17 年發生一次。在 2035 年 9 月，也會發生火星大沖，而且機會難得，有興趣的朋友到時候可以留意下。

　　第二個重要天象，就是**火星合月**，這個時候，我們看到在天空當中，火星距離月球是比較近的，紅色的火星和銀色的月亮互相輝映，非常的浪漫。甚至在某些火星合月，還會伴隨著**月掩火星**的現象，也就是在天空當中，我們看到火星運行到了月球的背後，火星被月球遮蓋住了，然後一會兒火星又重新出現。一般來說，使用雙筒望遠鏡就可以看了。

　　第三個，就是**熒惑守心**，這是一種比較罕見的天文現象，這個神奇而又有趣的天象幷不是對于某一天來說的，而是對于某一年來說的，在這一年裏面，我們會看到在天空當中，心宿二位置附近的火星先是順行，然後再逆行，然後再順行，從而產生了**兩個拐點**。在古代，熒惑守心代表著不吉祥，也就是很不吉利，其實這是沒有任何科學根據的。畢竟，心宿二距離地球大概有 430 光年那麼遠，是火星到地球距離的大概 4000 萬倍，所以根本就沒什麼影響。

相信說到這裏，大家都對火星有了一個更加深入的認識，那麼下一節，我們就來深入探討一下距離太陽更遠的小行星帶。

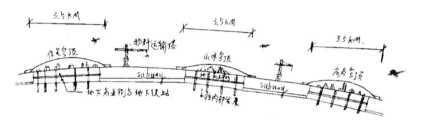

手繪：火星表面未來可能會開發的穹頂示意圖。

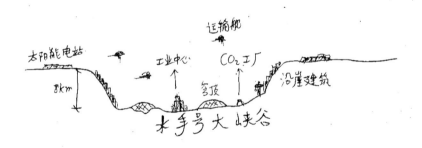

手繪：水手號大峽穀局部開發的簡單示意圖。

23 小行星帶之旅

這節，就來深入探討一下小行星帶。小行星帶，是一個小行星比較密集的區域，位于火星的公轉軌道和木星的公轉軌道之間，在這個軌道上面，小行星的數量大概有**幾十萬顆**那麼多，圍繞太陽公轉最快的小行星，僅僅需要 283 天就可以環繞太陽公轉一圈了。

小行星帶上面的小行星主要可以分爲三大類，第一類，是位于小行星帶外邊緣的**碳質小行星**，這類小行星比較靠近木星的軌道，表面的反射率比較低，約占小行星總數的 75%以上。第二類是位于小行星帶內邊緣的**矽酸鹽小行星**以及金屬小行星，表面的反射率比較高，約占小行星總數的 17%。第三類是**鐵鎳小行星**，大部分是因爲撞擊而形成的，約占小行星總數的 10%。一般來說呢，小行星帶當中的小行星相互之間以**高速碰撞**的時候，就會產生許多新的小行星碎片，而當小行星相互之間以低速發生碰撞的時候，兩顆小行星呢，就很有可能會結合在了一起。

小行星的探測器探測表明，大部分的小行星表面上，也是崎嶇不平的，充滿了大量的**隕石坑**，還有許多裂谷和裂縫。小行星帶裏面體積最大的四個星球分別是穀神星、灶神星、智神星和婚神星，而其他小行星的體積都比較小。下面我們來介紹一下小行星帶中體積最大的穀神星。

穀神星是小行星帶當中最大的天體，在 2006 年，國際天文學聯合會把谷神星重新定義爲**矮行星**，至于矮行星是什麼，在後面會說到。穀神星的直徑大概是 950 公里，是地球直徑的 7.4%。穀神星環繞太陽一圈大概需要 1680 天。著名的**黎明號探測器**于 2015 年到達穀神星，探測表明，穀神星很可能是一個含有岩石內核及大量冰水物質的星球，水的體積大概占據了穀神星體積的 40%，在太陽照耀下，穀神星表面的冰水物質會被蒸發爲**水蒸氣**。此外，穀神星上面還發現比較大的**鹽質盆地**，因此可以說是未來人類在小行星帶上面一個重要的開發基地。(在著名的科幻電視劇《蒼穹浩瀚》當中，穀神星是小行星帶重要的礦業基地和交通樞紐)

下面，我們再來看看小行星帶當中第二大的小行星，也就是著名的**灶神星**，灶神星平均直徑爲 525 公里，只有地球直徑的大概 4%，環繞太陽一圈大概需要 1325 天，灶神星上面存在著好幾個隕石坑。在地球上面，有超過 200 顆以上的 **HED 隕石樣品**被認爲是來自灶神星（HED 隕石是三種沒有球粒的隕石的總稱）。科學家研究表明，灶神星可能是有著以**鐵和鎳**爲主的金屬核心，而外層則包裹著橄欖石等岩石等的物質，科學家認爲，灶神星是與大型岩石行星在同一個時期形成的。

再來看看小行星帶當中第三大的小行星，就是**智神星**，平均直徑爲 520 公里，有可能是太陽系當中最大的**不規則物體**。因爲它自身的重力實在是太小了，所以不足以把它變成一個球狀天體。

接著，再來看看小行星帶當中第四大的小行星，就是著名的**婚神星**，平均直徑爲 240 公里，雖然體積小，但質量卻比較大，約占整個小行星帶質量的 1%，含有大量橄欖石等礦石。是未來小行星采礦并且生產各種物料的重要地點之一，**婚神星**環繞太陽一圈大概需要 1595 天。它之所以被發現是因為它曾經把別的天體暫時遮掩了一部分，這也叫做**掩星現象**。此外，在小行星帶上面，還有著名的義神星、麗神星、韶神星等等的小行星。

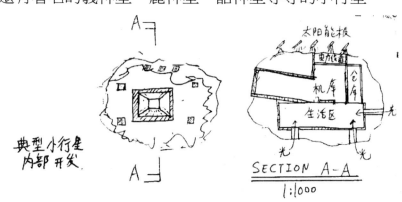

在小行星帶上面，有幾十萬顆小行星在圍繞著太陽公轉，一般來說呢，每年都會有人發現新的小行星，當有人觀測到一顆新的小行星之後，都會有一個**臨時的編號**，當小行星被多次**回歸發現**，并且小行星的運行軌道被精確確定之後，就會得到一個**永久編號**，并且列入國際小行星**星曆表**，而且能够以個人的名字來命名，這就看大家有沒有興趣了咯。其實在地球上，有幾個特別厲害的人，他們一個人分別發現了好幾百顆小行星。

天文觀測表明，在小行星帶上，存在著一個叫做**柯克伍德空隙**的區域，在這些區域，小行星的公轉軌道呢，會與木星的公轉軌道發生**軌道共振**，從而讓小行星被推入小行星帶的更外部或者更內部的區域，甚至把這個小行星推離這個小行星帶都有可能。因此，部分的隕石以及小行星就可能會通過遙遠的旅途，最終來到地球的軌道附近位置。所以，監測和研究這些靠近地球的小行星是非常之重要的，可以提前做好**預防措施**，例如是改變它們的軌道等，以防止它們對地球的安全造成威脅。

在未來，小行星帶的小行星將會爲我們開發太陽系的外層空間提供更加豐富的資源，我們不但可以在上面設立**中轉站**，而且小行星上面的各種重要的礦物甚至水資源，都將會是各種空間站以及宇宙飛船的重要補給物資（甚至還能用于生産和維護宇宙飛船和太空城市等），此外各種小行星對研究行星及太陽系有巨大的科研價值。

科學家認爲，小行星帶之所以形成，是可以分爲幾個假說的，下面就來解讀一下這些假說。

第一個假說，是**星塵形成假說**，在太陽系早期，小行星帶所在的軌道，有大量的星塵和碎石碎塊，它們共同圍繞著太陽公轉，幷且不斷地發生著各種各樣的碰撞。但是，因爲受到**木星引力**的影響，小行星帶上面部分位置小行星的運行速度太高，會經常發生碰撞，幷且碎裂爲更小的碎塊，從而抑制了比較大的小行星的形成，按照這種假說的話，小行星帶上存在著體積比較大的小行星是非常難能可貴的，也就是非常難得。

第二個假說，就是**行星爆炸學說**。這種學說認爲，在小行星帶的軌道上，原來存在一顆圍繞太陽公轉的行星，後來不知道爲什麼，這顆行星居然發生了爆炸，甚至有的人認爲那是因爲很久以前小行星帶發生一場**星際戰爭**導致的。據說在很久以前，有一批外星人居住在一個名字叫做**法厄同星**的行星上面，這顆行星就位于現在的小行星帶的軌道上面，後來，另外一批外星人把威力巨大的武器鑽進到這個星球的內部，然後把整個星球都炸成了碎片，于是，這顆法厄同星便逐漸演變成小行星帶。

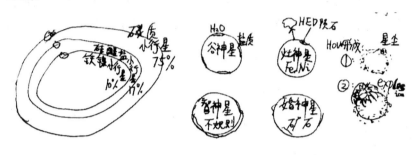

說到這裏，相信大家對小行星帶都有了一個更加深入的認識，那麼下一節就來探討一下距離太陽更遠的巨型行星，也就是木星。

24 木星及其天象

　　木星，是太陽系的八大行星之一，距離太陽有大概 7.78 億公里，是地球到太陽距離的 5.2 倍，木星的質量是 1.9 乘以 10 的 27 次方千克，是地球質量的 318 倍，太陽的千分之一，是其他七大行星的質量總和的 2.5 倍。木星的直徑約爲 142987 公里，是地球直徑的 11.2 倍，所以木星體積是地球的 1316 倍，木星的體積和地球的體積的比值，相當于籃球體積與花生米體積的比值，是太陽系八大行星當中體積最大的行星。

　　木星圍繞太陽公轉一圈，大概需要 11.86 年。木星的**自轉速度**非常快，自轉一圈僅僅需要 9 小時 50 分 30 秒，因此在木星的赤道附近，自轉綫速度大概爲 45350 公里每小時，是高速鐵路速度的大概 150 倍，是地球赤道附近自轉綫速度的 30 倍，因此，木星是太陽系八大行星當中自轉最快的行星，所以，木星的大氣層在赤道附近是**略微鼓起**的。

　　木星是一個氣態的巨行星，沒有固體的表面。木星大氣層的厚度，達到了 3000 公里。一般我們在地球上面，看到的只是木星的高層大氣。木星的**高層大氣**頂部，平均溫度爲零下 140 攝氏度左右，但是越往內部溫度是越高的。如果按照氣體分子百分比來計算的話，高層大氣是由 88%的氫和 8%的氦所構成的，還有少量的其他氣體，例如甲烷、水和氨氣等。此外，木星的高層大氣是非常複雜多變的，大氣層的不同深度區域存在著由熱量引起的環流，各種顏色的**氣體雲層**劇烈地運動著，并且出現紅色、棕色、褐色和白色等顏色條紋，看上去就真的像是木紋一樣，也難怪叫做木星了。一般來說，顏色的變化與雲層的高度有著密切的關係，藍色的雲層一般位置是比較低的，而棕色和白色的雲層一般在中間的位置，而紅色雲層一般位置是比較高的。此外在木星上面，甚至還有閃電和雷暴。（點燃木星大氣中氫氣的著名電影是《流浪地球》）

木星大氣層當中最著名的標誌就是**大紅斑**了，大紅斑是由氨和甲烷等氣體所構成的巨大漩渦，是一團激烈地上升的旋轉氣流，速度可以超過 400 公里每小時，木星大紅斑外圍的氣體，幾天就可以旋轉一圈，而且通常呈現出深褐色、紅色或者是淡玫瑰色等等，并且會發生變化。**大紅斑漩渦**的高度可以達到 8 公里，從東邊到西邊最長可達到 4 萬公里，最小的時候也有 2 萬多公里，而從南邊到北邊，最長可以達到 1.4 萬公里，最小也有 1 萬公里，所以木星的大紅斑能够放進好幾個地球。一般來說呢，大紅斑在木星南半球是逆時針方向轉動的，而在北半球則是順時針方向轉動的。木星大紅斑的壽命很長，部分大紅斑幾百年都還沒消失，但目前有縮小的迹象，可能跟木星大氣層的**溫度變化**有關係。

木星的氣態物質密度，隨著深度的增大而變大，從大氣層頂部往木星內部出發，到了大概 3000 公里的位置，氫氣體開始變成液態的氫，這層**液態的氫**往內部的厚度達到了 2.7 萬公里，這些流動的液態氫，很大程度上幫助木星形成了磁場，而且磁場強度是地球的十倍，在距離木星 140 到 700 萬公里範圍內的巨大星際空間都是木星的磁層，木星的四個巨大的衛星都受到**木星磁層**的保護，讓這些木星的小夥伴們都免受到**太陽風暴**的襲擊。此外，由于木星的體積巨大，加上木星的磁場非常強，再加上木衛一所噴射的**帶電粒子**的交互作用，所以，**木星南北極極光**的強度是地球幾百上千倍，而且，極光的範圍也非常大，覆蓋的範圍有好幾個地球那麼大。（電影《木星上行》就表現了木星的大氣環境）

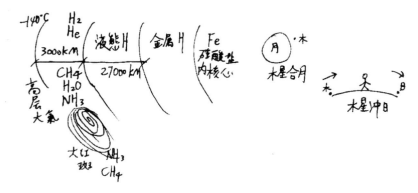

而液態氫再往下就是**金屬氫**了（若人工製造金屬氫，條件要求是非常高的），金屬氫再往下，就到達由鐵和矽酸鹽等物質組成的溫度高達 3 萬攝氏度的木星固態核心了，但因為**溫度和壓強**還不夠，所以不足以引發核聚變反應。此外，部分科學家猜測，在木星上面，由于內部的溫度和壓強比較大，所以，木星上面的碳元素可能會壓成稠密的**鑽石塊**，這些鑽石可能最終會融化成液體的鑽石，并且形成一個穩定的**鑽石海洋**，可謂非常的有趣。

那麼，木星究竟有沒有光環呢？答案是有的，木星的光環，是由許多顆粒狀的**黑色碎石塊**等物質環繞著木星公轉而形成的，黑色碎石塊的直徑在幾十米到幾百米的範圍之內，它們大概 7 小時環繞木星公轉一圈，因為反射率比較低，所以木星環相對土星環來說要暗得多。木星的光環，厚度大概為 30 公里，寬度達到 9000 多公里，可以分為內環、外環和暈環，內環比較暗，寬度達到 5 萬公里，幾乎與木星的大氣層互相連接，而外環則比較亮一些，而暈環則是一層非常薄的星塵，把這個亮環和暗環包裹了起來。木星的光環相對龐大的木星來說顯得比較渺小。

木星的引力很大，歷史上，很多隕石和彗星在經過木星附近的時候，都曾經偏離了軌道，并且撞擊了木星，從而保護了地球等太陽系內層天體免受隕石和彗星的襲擊。在 1994 年，蘇梅克列維 9 號彗星靠近木星後，這個彗星達到了它的洛希極限，并且被木星的強大引力撕裂為 21 個碎塊，然後，如同珍珠串一樣地猛烈沖進木星的大氣層中，并產生出好幾個幾千公里寬的火球，發出耀眼的光芒。

著名的朱諾號木星探測器，在太空當中飛行了差不多五年之後，終于在 2016 年 7 月順利進入木星環繞軌道，對木星展開了更深入的探測。近幾年來，朱諾號木星探測器在木星軌道上拍攝了大量的精美照片，包括漩渦狀雲層、大氣淺層閃電等現象，有興趣的朋友可以搜索一下。

下面，我們再來看看關于木星的兩個重要天象，第一個，就是著名的木星合月現象，在這個時候，我們看到在天空當中，木星距離月球比較近，這種天象一般每年都會出現十幾次，當然在發生木星合月的時候，有時月球會把木星暫時遮掩住，于是就伴隨著**月掩木星**的現象。

關于木星的第二個重要天象，就是**木星沖日**，這個時候，太陽、地球和木星基本排列成一條直綫，這個時候太陽在西邊下山，木星就從東邊升了起來，因爲這個時候木星距離地球比較近，所以亮度也比較高，木星基本一整晚都能够進行觀測，所以使用天文望遠鏡甚至能够見木星上面的雲帶以及有趣的大紅斑。木星沖日大概每隔四百天出現一次。

說到這裏，相信大家對木星都有了一個更深入的認識，那麼下一節，我們就繼續來深入地探討一下木星的 79 顆衛星。

25 木星四大衛星

　　這一節，我們先來深入探討一下木星的 79 個衛星當中 4 個最大的衛星。接下來開始木星的小夥伴之旅，首先來說一下木衛一。

　　木衛一，又叫做伊奧，是**最靠近木星**的衛星，距離木星大概有 42 萬公里，木衛一的直徑約爲 3642 公里，大概是地球直徑的十分之三，木衛一圍繞木星公轉一圈，大概需要 42 個小時。木衛一的大氣非常稀薄，主要成分是二氧化硫、氯化鈉、一氧化硫及氧，與火山活動有關。

　　木衛一的表面布滿著大量的**活火山**，而且不斷地發生著地震，木衛一表面活火山所噴出的**熔岩流**，主要流淌著鈉、鉀、硫化物以及一氧化矽等等的**矽酸鹽**，火山熱點的溫度高達 1600 度，木衛一可能是太陽系當中**火山活動**最頻繁的天體。木衛一的火山活動之所以如此活躍，有兩個原因的，第一個，是木衛一的地殼受到木星強大的磁場和**潮汐作用**，讓地殼內部的熔岩不穩定而導致的，而第二個是木衛一的地殼，受到木星和木星其他衛星的**引力拉扯**作用。

　　木衛一表面的平均溫度約爲零下 143 攝氏度，**重力加速度**約爲 1.8 米每平方秒，換句話就是說，60 公斤重的小明到了木衛一的表面只有 11 公斤重（在 2019 年 9 月，朱諾號探測器拍攝到了木衛一在木星上的投影，有興趣的朋友可以搜索一下）。

　　下面再來看看著名的**木衛二**，又叫做歐羅巴，木衛二跟木衛一相反，是個<u>冰的世界</u>。木衛二距離木星大概有 67 萬公里，木衛二的直徑大概是 3100 公里，環繞木星公轉一圈要大概 3 天半的時間，木衛二這顆衛星也被<u>潮汐鎖定</u>，所以有一個半球永遠面對著木星。

著名的<u>伽利略號探測器</u>探測表明，木衛二上有大量的水，因爲木衛二赤道地區的平均溫度約爲零下 163 攝氏度，而在兩極地區溫度更低，只有零下 223 攝氏度，所以存在著一個厚度達到幾十公里的冰層，太陽的高能帶電粒子<u>電解</u>木衛二表面的冰層，幷産生木衛二稀薄大氣的氧。在木星潮汐引力的熱作用下，木衛二冰層下方的水可能還保持著液態，幷存在著一個由<u>液態水</u>所構成的海洋世界，深度達到好幾千公里。

此外，木星的潮汐引力還導致木衛二的冰層表面出現裂縫甚至是大裂谷，從而讓內部海洋當中的水，從狹窄的縫隙當中噴出來，因此大量的環形山，都被這些重新凝固的冰填平，形成了木衛二上<u>平坦的暗斑</u>。所以木衛二表面的環形山不多，非常光滑，可能是太陽系中表面<u>最光滑的星球</u>。而那些冰層表面的裂縫或者是裂谷，則逐漸形成了木衛二表面最突出的標志，也就是布滿整個星球的互相交錯的複雜的<u>暗色條紋</u>。

木衛二的表面除了冰層，還有矽酸鹽類岩石以及粘土質礦物，爲有機物的存在提供了條件。在 2016 年 9 月，著名的<u>哈勃望遠鏡</u>，觀察到木衛二上面的一個驚人發現，就是木衛二南極附近的表面，居然有大量的水蒸氣噴射出來，高度達到 200 公里！可以說是宇宙當中的<u>超級的突泉</u>！因此說，在木衛二內部的海洋當中，很有可能存在著生命，而且是類似魚一樣的生命，就算沒有，以後也是我們開發太空的重要基地。

木衛二在木星龐大磁場的影響下，自己也因為切割木星磁場的磁力綫而產生了一個**感應磁場**，這說明木衛二內部海洋當中的水是富含有**電解質**的，還很有可能存在一個由鐵所構成核心，可謂是非常的有趣。

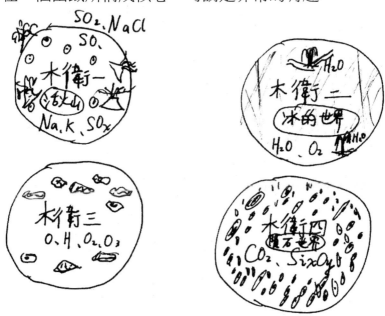

接著，我們再來看看著名的 <u>木衛三</u>，又叫做蓋尼米得，是戰國時代的天文學家甘德發現的。木衛三距離木星大概 107 萬公里，所以圍繞木星公轉一圈大概需要 7 天，木衛三的平均直徑達到 5262 公里，比月球和水星的體積還要大，是太陽系當中**體積最大的衛星**。同時也被木星<u>潮汐鎖定</u>，永遠都是以同一面對著木星的。

木衛三的大氣層非常稀薄，但是也含有原子氧、原子氫、氧氣和臭氧等的氣體。木衛三的表面主要由矽酸鹽類岩石和冰體組成，較暗的地區布滿著古老的**隕石坑**，含有粘土和有機物質，約占木衛三表面積的三分之一，而較明亮的地方，則是**溝槽和山脊**，含有比較多的冰體，這些溝槽和山脊很有可能是木星對木衛三的**潮汐引力**（拉力）作用所導致的。

木衛三的冰蓋下方大概 200 公里位置，也可能存在著**鹽水海洋**，液態水的含量超過地球（海洋深度達到 400 公里），而鹽水海洋的下方，則可能是由**矽酸鹽**所構成的地幔。再往下則是木衛三的內核，溫度可能高達 1600 攝氏度，并且富含流動的硫化亞鐵和鐵的化合物，所以木衛三存在著磁場，在南北極也存在著極光的現象。在 2020 年，**朱諾號探測器**發現木衛三北極地區存在著**玻璃狀冰層**，還有大量的等離子體沉澱。

此外在木衛一、木衛二和木衛三之間，還存在著一種神奇的軌道共振，就是當木衛三圍繞著木星每公轉一圈之後，木衛二就圍繞木星公轉了兩圈，而木衛一就圍繞著木星公轉了四圈，這種著名的現象也被稱作**拉普拉斯共振**（是定期施加的引力影響對方產生的，跟蕩秋千的原理是比較類似的）。

接著，我們再來看看著名的**木衛四**，又被稱爲卡裏斯托，木衛四的直徑大概是 4800 公里，跟水星的體積差不多，是木星的第二大衛星，太陽系的第三大衛星，木衛四距離木星大概有 188 萬公里，由于距離比較遠，因此不參與軌道共振，內部并不會產生明顯的潮汐引力熱效應，所以木衛四內部的結構分化和發育速度相對其

128

他三顆比較大的衛星要緩慢得多，而且地質構造的活動跡象也是非常之少。木衛四，有著一層稀薄的大氣層，主要由**二氧化碳**構成，可能是表面的乾冰升華而形成的。

木衛四表面由冰、矽酸鹽、二氧化碳和各種有機物所構成，布滿大量的山脊、懸崖以及隕石坑，**隕石坑**分布非常密集，似乎已經遭受到無數次的撞擊，是太陽系中被隕石撞擊得最多的衛星之一。木衛四表面比較明亮的地方，是**冰體沉積物**，例如氨的冰體等。

而在木衛四表面以下 150 公里的深處，也可能存在著含有氨和鹽類物質的液態水的**地下海洋**，厚度可能達到 50 公里，這些**電解質**切割了木星磁場的**磁感綫**，并且讓木衛四產生了自己的小磁場。而液態水的地下海洋再往下，則可能有一個比較小的矽酸鹽的內核。

可見，木星這四顆體積最大的衛星可謂是各有千秋，那麼下一節我們將來深入探討一下木星的其他衛星。

26 木星其他衛星

這一節，我們以科幻故事的形式，來敘述這個旅程（這是一個筆者以前做過的**宇宙旅游**的夢所演變出來的旅程）。在很多年之後的某一天，木衛四的大氣層已經被我們改造完成了，而且，上面還蓋了不少的房子，吸引了不少在太陽系外層空間經商的商人來居住。人們都高興地在上面生活著，而**地產開發商**基本通常的廣告詞就是：一綫大紅斑風景大宅，獨一無二，你值得擁有，手快有，手慢就沒啦！

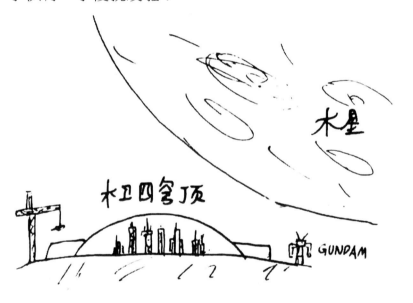

而這個小明是木衛四的**建築設計研究院**的員工，基本上木衛四上面新建的高層建築的圖則，他可能都要過目一遍，他在審查完建築圖則之後，看著窗外塔吊後方的巨大木星以及上面的大紅斑，莫名地有著一種滄海桑田的感慨。

于是他決定，出去外面逛一下，他來到了位于木衛四表面的第 38 號**太空電梯**，幷且乘坐太空電梯來到了**第六號空間站**，幷且走進了一艘宇宙飛船裏面，隨著**宇宙飛船**的啓動，小明聽到了這樣子的一種播音：叮咚，今天是 2333 年 10 月 3 日，歡迎大家乘坐**木星軌道高速運輸系統**，本艘宇宙飛船的航綫，是按照木星衛星的序號來進行的，下一站是**木衛五**站，請去往木星大氣層改造有限公司、木星軌道核聚變發電總公司的乘客做好準備。用不了多久，小明就看到這個木衛五，出現在了宇宙飛船的舷窗外面，而在舷窗的旁邊，半透明的石墨烯觸摸屏，顯示出木衛五的一些基本數據：木衛五長度是 250 公里，寬度是 146 公里，高度是 128 公里，體積比較小，但是距離木星却是第三近的，圍繞木星公轉一圈只需要大概 12 個小時，小明往舷窗外面看，他發現，木衛五的外形是不規則的，而且上面有一些**環形山**，表面還非常的紅，小明往旁邊的資料一看，是**太陽系最紅的天體**，是木衛一火山所噴發過來的**硫化物**所造成的。很快宇宙飛船就停靠了木衛五的空間站，過了一會兒又出發。叮咚，下一站是**木衛六**站，請去往木星軌道采礦中心的乘客做好準備，小明發現，這個木衛六是不太規則的，往旁邊的數據一看，木衛六的平均直徑只有 170 公里，表面有著豐富的**碳化合物**，平均溫度在零下 178 攝氏度左右。叮咚，下一站是**木衛七**站，請去往木星理工大學的乘客做好準備。木衛七，又叫做伊拉拉，平均直徑只有 86 公里，自轉軸傾斜度大概是 27.5 度。叮咚，下一站是木衛八站，請去往木星軌道礦石冶煉中心的乘客做好準備。**木衛八**，又叫做帕西法爾，平均直徑只有60 公里，表面溫度只有零下 143 攝氏度（而且很像**星球大戰**的死星）。叮咚，下一站是**木衛九**站，請去往木星軌道生態產業園的乘客做好準備（感覺像是在玩**星際公民 Star Citizen** 這款網絡游戲一樣）。**木衛九**，又叫做希諾佩，直徑只有 38 公里，這顆衛星受到太陽**引力的攝動**，所以軌道不太穩定，很有可能是木星俘獲的一顆小行星。叮咚，下一站是**木衛十**站，請去往宇宙飛船維修中心的乘客做好準備。木衛十，又被叫做萊西薩，直徑只有 36 公里，在 1938 年就被天文學家發現了。叮咚，下一站是**木衛十一**，又被叫做加爾尼，直徑只有 40 公里，是圍繞木星**逆向公轉**的。叮咚，下一站是**木衛十二**，又被叫做阿南刻，直徑只有 28 公里。叮咚，下一站是**木衛十三**，又叫做勒達，是在 1974 年，著名的**帕洛瑪山天文臺**經過三個晚上的長時間曝光而發現的，直徑只有 16 公里。叮咚，下一站是**木衛十四**，又叫做忒拜，這些都是希臘神話當中的名字，木衛十四的平均直徑只有 100 公里，它的一面也是永遠朝著木星的，表面呈現出**暗紅色**，并且有好幾個隕石坑。叮咚，下一站是**木衛十五**，是在 1979 年一個天文學研究生發現的，它的平均直徑只有 20 公里，由冰和岩石構成，這顆衛星會慢慢接近木星，最近沖進木星大氣層。

　　叮咚，下一站是**木衛十六**，平均直徑只有 40 公里，形狀很不規則，而且表面有一些坑洞，這個木衛十六也被木星**潮汐鎖定**，永遠有一面朝著木星，而背對木星的那一側，則會比較容易受到小行星的撞擊。叮咚，下一站是木衛十七，環繞木星公轉一圈大概需要 760 天。叮咚，下一站是木衛十八，直徑只有幾公里，小明心裏想，在裏面挖個洞建個小區看來還是挺好的。叮咚，下一站是木衛十九，直徑只有 5 公里，小明心裏想，這體積真的是小的可憐啊。叮咚，下一站是木衛二十，直徑也只有 5 公里，小明心裏想，以後挖個洞建個宇宙飛船維修站還是可以的。叮咚，乘客們請注意，由于宇宙飛船核聚變燃料不足，所以木衛 21 到 24 我們就暫時不去了，下一站是木衛二十五。木衛二十五是 2000 年的時候才被發現的，直徑只有 3.2 公里，環繞木星公轉一圈要 728 天。叮咚，乘客們請注意，由于宇宙飛船要補充核聚變燃料，所以木衛 26 到 29 我們就暫時不去了，宇宙飛船即將停靠在木衛三十的補給站上……叮咚，乘客們請注意，由于沒有人要在木衛 31 到 39 這些衛星停靠，因此，下一站是木衛四十，請乘客們做好準備。然後，小明聽到旁邊有人議論紛紛起來，小明到了之後才發現，原來這顆星球被人整顆買了下來。小明心裏想，後面這些衛星都那麼小，沒什麼好玩的了，于是動員大家回去，于是這艘宇宙飛船就返航，并且最終返回木衛四空間站。這是一個比較有趣的小故事。

27 土星及其天象

　　土星，是太陽系的八大行星之一，距離太陽有大概 14.3 億公里，是地球到太陽距離的 9.5 倍，土星的質量是 5.7 乘以 10 的 26 次方千克，是地球質量的 95 倍，土星的直徑約爲 120540 公里，是地球直徑的 9.45 倍，所以體積是地球的 745 倍，是八大行星當中體積第二大的行星。

　　土星圍繞太陽公轉一圈，大概需要 29.5 年。土星的**自轉速度**也很快，自轉一圈僅僅需要 10.5 小時，因此在土星的赤道附近，自轉綫速度大概爲 36000 公里每小時，大概是高鐵速度的 100 倍，是地球赤道附近自轉綫速度的 22 倍。所以土星赤道附近大氣的運動速度比兩極快。

　　土星沒有固態的表面，土星的**高層大氣**主要由氫氣，還有少量的氦氣以及氨氣、乙烷、磷化氫和甲烷等**可燃氣體**所組成（不會燃燒是因爲含氧量或者含氯量極低，沒有氧氣或者氯氣等的參與，無法進行相關的**化學反應**，未來在開發土星軌道上的空間站的時候，這些可燃氣體將會成爲重要的燃料之一）。土星大氣層的厚度，大概是 1000 公里，**平均溫度**大概是零下 100 到零下 200 攝氏度。土星的大氣層上面，還有一些不同顏色的條紋，是由于氫、氦、水、冰、氨氣、硫化氫等的**化學物質**含量的不同所導致的。

　　土星大氣層的風速是太陽系行星中較高的，達到 1800 公里每小時。土星大氣層相比木星來說要平靜一些，但土星大氣還是有一些六邊形的**漩渦風暴**，有好幾萬公里那麼寬。在土星大氣層當中，最顯著的標志，就是著名的<u>大白斑</u>，大白斑的周期大概是 28.5 年。大白斑的長度，最長可以達到 32 萬公里，是土星直徑的五分之一，大白斑的寬度，可以達到 9600 公里，主要由<u>**氨冰的晶體**</u>所構成，大白斑是一種螺旋上升的高速氣流，當氨冰晶體螺旋上升到達土星的高層大氣之後，就會在頂部擴張，并且冷却成霧氣，于是看上去，就能看到一大片的白色區域。

土星大氣層的下方是<u>**液態氫層**</u>，這層流動的液態氫當中的電流，幫助土星形成了它自身的磁場（<u>**液態氫發電機理論**</u>），但是，土星磁場的強度却只有木星磁場的 20 分之 1

在液態氫層的下方，是<u>**金屬氫層**</u>，這層金屬氫層當中也存在著電流，幫助土星形成它自己的磁場（<u>**金屬氫發電機理論**</u>），然後金屬氫層的下方，則是由岩石和冰塊所組成的核心，核心溫度高達 11700 攝氏度。

土星有一個非常明顯的光環，主要成分是冰的微粒和岩石碎塊，直徑從幾厘米到幾十厘米。在太陽光的照耀下，呈現出各種各樣的顏色。<u>**土星光環**</u>的直徑有 27 萬公里，但厚度却只有幾十米到幾百米的樣子。

土星的光環可分爲 ABCDEFG 環**七個環**，從內部往外部出發，分別是寬度爲 12000 公里的**亮度最暗的 D 環**，然後是寬度爲 1200 公里的**蓋林縫**，然後是寬度爲 19000 公里的**透明度最高的 C 環**，然後是寬度爲 1800 公里的**法蘭西縫**，然後是寬度爲 25000 公里的**最亮的 B 環**，然後是寬度爲 5000 公里的**卡西尼環縫**（最著名的一條縫隙），然後是寬度爲 15500 公里的 **A 環**，然後是寬度爲 3600 公里的**先鋒縫**，然後是寬度爲 30 公里的 **F 環**，然後是 **G 環**，然後再往外就是寬度超過 8 萬公里的 **E 環**，一直延伸到距離土星表面大概 20 萬公里的星際空間當中去。

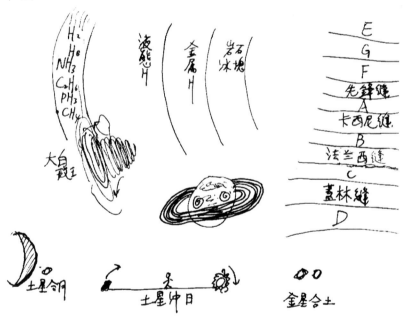

天文學家認爲，土星光環當中的蓋林縫、法蘭西縫、卡西尼環縫等縫隙，是由于土星衛星的**引力共振**所造成的。土星光環的存在，讓土星成爲太陽系這麽多顆行星

當中最美麗的一顆，真是讓人讚嘆不已。

土星的衛星一共有 82 顆（2020 年數據），其中**土衛六**是土星最大的衛星，而土星其他衛星體積都比較小，下節再去探討。

下面，我們再來看看關于土星的幾個**重要天象**，第一個，就是著名的**土星合月**現象，在這個時候，我們會看到在天空當中，土星距離月球比較近，這種天象一般每年都會出現好幾次，土星就像是月球旁邊的一頂**小草帽**，非常的好看。當然啦，在發生土星合月的時候，有時月球會把土星暫時遮掩住，于是就伴隨著**月掩土星**的天象，一般來說呢，如果天氣晴朗，光污染小，月球的亮度也不是特別大的話呢，使用**天文望遠鏡**還能看見土星上的大白斑以及光環（有時只能看到光環的側面局部）。

關于土星的第二個重要天象，就是**土星沖日**，這個時候，太陽、地球和土星基本排成一條直綫，周期大概是 378 天，這個時候呢，太陽在西邊下山，土星就從東邊升了起來，然後土星基本一整晚都能够進行觀測，使用 40 倍以上的**天文望遠鏡**甚至可能看見土星周圍那**美麗的光環**。這裏爲什麼用可能呢，這是因爲土星光環存在著一個傾角，最大爲 27 度，最小爲 0 度，如果這個傾角太小，土星的光環就會暫時看不見。

關于土星的第三個重要天象，就是**金星合土星**，簡稱金星合土，這個時候我們會看到在天空當中，金星距離土星比較近，這種天象一般每 10 年才會出現一次，下一次要到 2026 年才會出現了。

　　關于土星的第四個重要天象，就是就是著名的**五星連珠**，這種天象是非常罕見的，在五星連珠的時候，會看到金木水火土五顆行星同時出現在天空當中的**同一個方向**上面，幷且從高到低基本連成一條直綫。

　　而這種天象呢，幷不會對地球造成什麼影響，天文學家經過測算，就算水星、金星、地球、火星、木星和土星在太陽系的俯視圖上面，真的排成成一條直綫的話，它們對地球**萬有引力**的合力，也只有月球對地球引力的六千分之一，更何況，由于公轉的速度是不一樣的，所以是很難全部排成一條直綫的，因此，在古代，認爲五星連珠是祥瑞之兆或者是不祥之兆呢，都是沒有科學根據的。上一次的**五星連珠**，發生在 2000 年 5 月 20 日，而下一次的五星連珠呢，則要等到 2040 年的 9 月。

　　那麼下一節，我們就來深入地探討一下土星的一些衛星。

28 土星的小夥伴

　　這一節我們就來探討下土星的衛星。我們先來看看土衛一，又叫做米瑪斯，是以希臘神話當中的一位泰坦巨人來命名的。土衛一的樣子，看上去就像**星球大戰**當中的死星，但是它的直徑只有 397.2 公里。土衛一的表面由大量的冰體和岩石構成，有一個著名的**赫歇爾隕石坑**，直徑達到 130 公里，土衛一可以說是土星光環當中**卡西尼環縫**的清潔工。

　　接著再來看看土衛二，又叫做恩克拉多斯，軌道位于土星光環 E 環的稠密部分，公轉周期爲 32.9 小時。也被土星**潮汐鎖定**，永遠是一面朝著土星。平均直徑大概爲 504 公里，大氣組成爲 91%的水汽、4%的氮氣、3.2%的二氧化碳及 1.7%的甲烷。土衛二表面主要由冰塊和岩石混合體等物質組成，分布了一些隕石坑，幷且有槽溝、懸崖和山脊。土衛二表面存在著**間歇泉**以及冰火山，有大量的水蒸氣和有機化合物從裏面噴出來，噴射速度達到了 2000 多公里每小時，因此，土衛二內部很可能存在著熱源，幷且有一個海洋。在 2008 年，著名的**卡西尼號探測器**，發現在土衛二的南極地區，存在水蒸氣和**複雜碳氫化合物**的噴射現象，讓科學家們覺得土衛二可能存在生命（海洋生命的概率較大）。

　　再來看看土衛三，土衛三又叫做忒堤斯，直徑 1060 公里，表面由水和冰所組成，擁有許多的**冰裂縫**，幷且有一個直徑爲 400 公里的**奧德賽隕石坑**，還有 2000 公里長，寬度達到 100 公里的大峽穀。

再來看看土衛四，平均直徑爲 1122 公里。土衛四的表面也主要是由冰所構成的，內部含有大量的**矽酸鹽類岩石**，土衛四也被土星潮汐鎖定，永遠是一面朝著土星的。表面含有隕石坑以及冰懸崖。2010 年，卡西尼探測器居然發現土衛四大氣層當中存在著氧離子。

再看看土衛五，由意大利天文學家卡西尼于 1672 年發現，土衛五平均直徑大概爲 1530 公里，主要是由 75%的水冰混合物以及 25%的岩石所構成的，表面布滿了大量隕石坑，還有**冰懸崖**。

再來看看土衛六，又叫做**泰坦**，是土星最大的衛星，也是太陽系第二大的衛星，土衛六的平均直徑爲 5150 公里，比水星的直徑還要大 。土衛六環繞土星公轉一圈需要差不多 16 天，也被土星**潮汐鎖定**，因此自轉周期與公轉周期相同，也是永遠一面朝著土星。

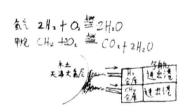
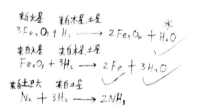

土衛六是在太陽系當中唯一擁有**濃厚大氣層**的衛星，因此被認爲是最有可能存在著生命，土衛六表面的**大氣壓强**達到地球的 1.5 倍。大氣層的主要成分是氮，占據了 98%，還有大量的各種碳氫化合物，由于存在著大量的**甲烷和乙烷**等有機物，所以土衛六的大氣層呈現出橙綠色（未來這些大氣將會成爲**星際工廠**的重要原料，產物鐵是建造**星際艦隊**的重要原材料，水是維繫生命的

重要源泉）。

土衛六的大氣層甚至有**雷暴和閃電**，土衛六的平均溫度在零下 180 攝氏度左右。表面相對其他衛星來說要光滑一些，只有少量的**環形山**，分布著由**液體甲烷**和乙烷等物質構成的湖泊以及河流，是在太陽系當中，除了地球之外，表面存在著穩定**液態物質**的星體（平時還會下液態甲烷的雨）。土衛六表面還存在著**冰火山**，爆發時會噴射出**碳氫化合物**。土衛六表面的**重力加速度**，只有 1.35 米每平方秒，換句話就是說，如果 60 公斤重的小明來到了土衛六上面，那麼就只量得 8.3 公斤了。（著名的游戲 Industries of Titan 就是在泰坦上面搞工業開發的，有興趣的朋友可以去玩一下）

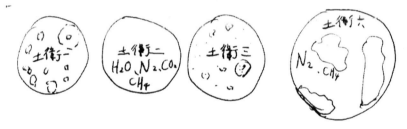

再來看看土衛七，又叫亥伯龍，形狀不是球體，可能是大型星體的碎片，是目前太陽系當中最大的一顆**不規則的星球**。土衛七的長度大概有 360 公里，寬度大概有 280 公里，高度大概有 225 公里，表面主要由冰和固態二氧化碳等**碳氫化合物**組成，并受到許多小型隕石的撞擊，傷痕累累，看上去像是海綿一樣，它的自轉是比較**混沌而不規則**的，若小明的宇宙飛船停靠在土衛七，無法預測何時白天何時黑夜。

接下來看看土衛八，又叫做伊阿珀托斯，直徑為

1470 公里，一個半球面比較亮，而另外一個則比較暗，而且被土星**潮汐鎖定**，永遠只有一面朝向土星。土衛八是由冰和少量的岩石構成的，表面也分布了一些隕石坑，典型的標志是**赤道脊**，長度約 1300 公里，寬度約 20 公里，高度達 13 公里，讓土衛八看上去像個核桃。

接下來看看土衛九，又叫做菲比，是唯一**逆行環繞土星公轉**的衛星，平均直徑只有 200 公里，形狀如同馬鈴薯，很可能是被土星俘獲的。而且表面的**反射率**非常低，基本不反射陽光，顯得漆黑。

接著是土衛十，又叫做杰納斯，平均直徑 180 公里，擁有大量的隕石坑。而土衛十一的平均直徑只有 116 公里，土衛十和土衛十一是兄弟，因爲它們倆的軌道距離實在太近了，只有 50 公里，所以每隔四年會由于**萬有引力**的作用擦身而過，然後靈巧地**互換位置**，裏面的換到外面，外面的換到裏面，然後各自離開，真是有趣。

再看看土衛十二，又叫做海倫，平均直徑僅 33 公里，其實這個土衛十二與土衛四是**共用一個公轉軌道**的，是位于土衛四前方 60 度的**拉格朗日點**上面，在這個點上面，土衛十二與土衛四和土星三者保持相對的靜止。因此土衛十二也被天文學家稱爲**特洛伊小行星**。

而土衛十三直徑有 25 公里，土衛十四只有 20 多公里，這個土衛十三和土衛十四與土衛三是共用一個公轉軌道的。

接下來，土衛十五的平均直徑只有 30 公里，土衛十六只有 86 公里，土衛十七只有 80 公里，土衛十八只有 28 公里，這些衛星的直徑都比較小，其中土衛十八是土星光環當中**恩克環縫**的清潔工，而土衛十九的直徑更小，只有 16 公里，**反射率**低，表面相對較暗。

　　那麼土衛二十之後的衛星，直徑都只有幾十公里，大部分是由冰加上許多**矽酸鹽類岩石**所組成，部分衛星的表面還散落著土星光環的物質，而這些衛星表面的反射率是跟這些物質的含量有關的。而且土星大部分衛星都是在 2000 年之後才被我們人類發現的。

　　相信大家對土星衛星都有更深入的認識，下節探討下天王星。（手繪：在土星衛星山谷中開發住宅區）

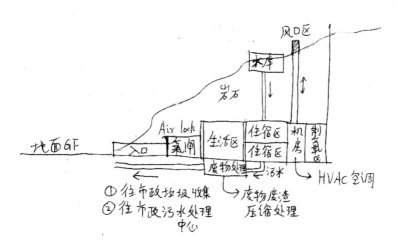

29 天王星及衛星

　　這一節就來看看天王星。天王星，是太陽系的八大行星之一，距離太陽大概有 28.7 億公里，是地球到太陽距離的大概 19 倍，太陽光到達天王星之後的強度，只有太陽光到達地球的強度的 800 分之 1，此外，天王星擁有 27 顆衛星以及一個**比較黯淡的光環**。

　　天王星的直徑，爲 51118 公里，是地球直徑的 4 倍，所以，體積大概是地球體積的 63 倍，自轉一圈需要大概 17 時 14 分，圍繞太陽公轉一圈需要 84 年多，天王星的赤道面與圍繞太陽公轉的軌道面的夾角大概是 98 度，可以說天王星是**躺在公轉軌道**上面自轉的。

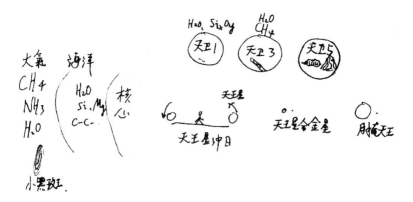

　　天王星的大氣成分，主要是由 83% 的氫和 15% 的氦所組成的，其他爲水、氨和甲烷等組成的冰，天王星的**高層大氣**主要由甲烷組成，而低層大氣主要由水構成，天王星是太陽系裏面大氣層最冷的行星，最低溫度只有零下 224 攝氏度（甲烷凝固點 -183 攝氏度，也就變成了固體）。

　　天王星的大氣層是非常平靜的，但還是有一些小風暴，被叫做<u>小黑斑</u>。由于天王星大氣中存在著甲烷，所以甲烷便吸收了大部分的<u>紅色光譜波段</u>，從而讓天王星的大氣層反射出明顯的<u>深藍色</u>或者藍綠色的光芒，而部分的帶狀地區，則是在大氣當中，<u>甲烷雲</u>比較密集的區域。

在天王星的大氣層下方，幷沒有固態的表面，而是擁有一個巨大的<u>液體海洋</u>，深度可能達到一萬公里，由水、矽、鎂、含氮分子、碳氫化合物及離子化的揮發性物質組成，是非常熱而且非常稠密的液體。因此，在<u>高溫高壓</u>的作用下，這裏很可能存在著鑽石，而且天王星的這個液體海洋幫助天王星形成了它本身的磁場。這種產生磁場的方式，被天文學家稱爲<u>發電機效應</u>，讓天王星的磁場延伸到幾十萬公里那麼遠。在天王星巨大的液體海洋下方，是溫度達到 6000 多攝氏度的核心，天文學家認爲是由一些固態化合物所組成的。

天王星有一個<u>黯淡的光環</u>，由直徑爲 10 米的黑色粒狀物體組成，可能是過去小行星或者衛星達到了<u>洛希極限</u>解體而形成的。天王星光環由 13 個環組成，直徑也比較大。天王星光環的外環是由許多細小的<u>冰顆粒</u>所組成的，所以顏色是藍色的，內環則是灰色的。

下面，我們再來看看天王星的衛星，天王星一共有 27 顆天然的衛星，這些衛星的名字呢，大部分都是來源于<u>莎士比亞和蒲伯</u>的歌劇當中的名字，首先，我們來看看著名的天衛一，又叫做艾瑞爾，主要成分是水、冰和矽酸鹽類岩石，表面溫度約爲零下 200 攝氏度，幷且布滿了**裂谷以及火山坑**，平均直徑爲 1158 公里，天衛一曾經存在冰火山的活動。

再來看看天衛二，直徑大概是 1170 公里，上面存在著起伏比較大的火山口地形，天衛二的**反射率**比較低，看上去是比較暗的。

再來看看天衛三，又叫做泰坦妮亞，天衛三的直徑爲 1577 公里，是天王星最大衛星，同時也是太陽系的第八大衛星。天衛三主要由碎的冰塊、矽酸鹽類岩石以及甲烷等有機化合物組成，天衛三的表面**布滿了火山灰**，這說明，天衛三曾經有過大量的火山活動，天衛三的表面有長達數千公里的**大峽穀**，是由于內部的水凍結，然後膨脹，幷且撐破了外殼所造成的。天衛三上面還有大量被**隕石撞擊**而形成的坑。

再來看看天衛四，又被稱爲奧伯龍，直徑大概是 1522 公里。天衛四的公轉周期和自轉周期一樣，都是大概 13.5 天，所以也是永遠一面朝著天王星的，也被天王星**潮汐鎖定**。天衛四的表面是由冰和岩石所構成的，存在著大量的隕石坑和大峽穀。由于天衛四經常處于天王星磁場的覆蓋範圍以外，會比較容易受到太陽風的襲擊和星際物質的風化。

再來看看天衛五，也叫做米蘭達，直徑大概是 472 公里，自轉和公轉周期爲 1.4 天，因此也被天王星**潮汐鎖定**。天衛五的表面，主要是由碎的冰塊、矽酸鹽類岩石及有機的化合物所組成的。表面還有**巨大的溝槽**，可能是冰刺穿外殼所造成的，此外，天衛五還分布了一些懸崖。天衛五上面有高度達到 6000 米的**懸崖峭壁**，以及深度達到 16 公里的大峽穀，還有 20 公里高山，說明過去曾經有大規模**板塊運動**。

再來看看天衛六，直徑只有 40 公里，而天衛七又叫做奧菲麗婭，平均直徑只有 43 公里，而天衛八直徑只有 54 公里，天衛九只有 80 公里。後面的衛星，體積都比較小，直徑基本都在 50 到 150 公里的範圍內，部分的衛星是**不規則的**，而且亮度是比較暗的。

下面再來看看關于天王星的兩個**重要天象**。

第一個，就是著名的**天王星沖日**，在這個時候呢，太陽、地球和天王星基本排列成一條直綫，這個周期大概是 369 天。這個時候，太陽在西邊下山，天王星就從東邊升了起來，如果天氣晴朗，光污染也比較小的話，天王星一整晚都能够進行觀測，如果使用倍數比較高的**天文望遠鏡**，還能看見天王星那淡藍色的高層大氣層。

第二個，就是著名的**天王星合金星**，在這裏，合是指結合的合，在這個時候，我們看到在天空當中，天王星距離金星比較近，這個時候呢，如果我們使用**天文望遠鏡**的話，是很容易找到位于金星附近的天王星的，平時因爲天王星比較暗，是不容易找到的。

下節來探討下八大行星的最後一顆，海王星。

30 海王星及衛星

海王星，是太陽系的八大行星之一，也是太陽系當中距離太陽最遠的行星，距離太陽有 45 億公里，是地球到太陽距離的 30 倍。海王星的直徑大概是 49240 多公里，體積有 57 個地球那麼大，自轉一圈要大概 16 個小時，圍繞太陽公轉一圈需要大概 165 年，比人一生壽命還要長。

海王星的大氣層由 85%的氫氣以及 13%的氦氣組成，還有 2%的少量甲烷，此外還有少量的氨氣，海王星大氣層中的甲烷吸收 600 納米以上波長的**紅色光和紅外光譜**，從而讓海王星**反射出藍光**。海王星大氣上的雲帶取決于不同高度中的成份，在高層大氣，甲烷可以凝結，幷含有氨和硫化氫的雲層，而中層大氣，則含有水、氨、硫化氨和硫化氫，而底層大氣則含有氨和硫化氫，這些不同比例導致**雲帶有不同顏色**。

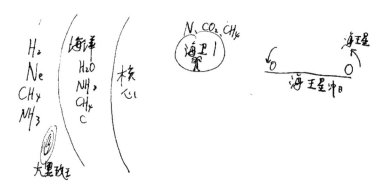

一般來說這些帶有不同色的雲帶，寬度有 50 到 150 公里。

在海王星上面，有著太陽系中**强烈的風暴**，風速達到 2000 多公里每小時，比飛機的速度還要快。海王星也曾經出現過**大黑斑**，它的寬度有 4000 多公里，有地球上面歐亞大陸的面積那麼大，這種大黑斑，是逆時針方向旋轉的，大概 16 天旋轉一圈，并且吹著上千公里每秒的狂風，不過，大黑斑的壽命比木星的大紅斑要短得多。

海王星的大氣層，平均溫度為零下 218 攝氏度，從頂部往內部溫度以及壓強逐漸上升，海王星的大氣層下方是含有水、氨、甲烷和其他成份的高溫高壓的**流體海洋**，并且能夠導電，幫助海王星形成了它本身的磁場，因此，海王星的南北極也存在著**美麗的極光**。科學家認為，因為海王星的海洋溫度和壓強都非常高，所以也可能存在著鑽石，并且能夠漂浮在海洋的表面（從而形成能夠漂浮在海王星海洋上的鑽石冰山）。

海王星液態海洋再往下，就是海王星核心了，在**高溫高壓**的作用下面，是由**岩石和冰**所構成的混合體，溫度大概是 7000 攝氏度。海王星也存在著非常黯淡的光環，分成 5 個部分，其中 3 個比較暗，2 個稍微亮一點點，**海王星光環**由細小顆粒及星塵所構成。

海王星一共有 14 顆衛星，下面我們來看一下。

海衛一是海王星**最大的衛星**，又叫做崔頓，直徑有 2706 公里。海衛一的表面主要由氮、乾冰和甲烷等組成，由于海衛一表面凍結的氮比較多，所以表面的**反射率**比較高，60%到 95%的太陽光都被反射了，所以吸收的太陽能不多，表面的溫度只有零下 230 多攝氏度。在海衛一的表面，沒有什麼隕石坑，却有**山脊和峽穀**。但是，海王星對海衛一却有**潮汐作用**，這種潮汐作用，加熱了海衛一內部的物質。因此，海衛一的地質活動是比較活躍的，有冰火山和間歇泉正在噴發著液氮、灰塵以及甲烷的混合物等物質，噴射出來的物質，甚至可以達到 8 公里那麼高。科學家認爲，在海衛一的表層外殼下方，很有可能存在著一個溫暖的**液態海洋**，幷很可能有原始的單細胞生命。天文學家發現，除了海王星的潮汐作用對海衛一的海洋進行加熱之外，海衛一的內部，還很有可能存在著一些放射性的同位素，這些**放射性同位素**也通過衰變而釋放出能量。而海衛一的液態海洋下方呢，是矽酸鹽類岩石所構成的核心。

接下來，我們來看看海衛二，又叫做利華特，是海王星的第三大衛星，直徑只有 340 公里，海衛二繞海王星公轉一圈需要大概 360 日，離心率非常大，達到 0.75，距離海王星最近的時候有 130 萬公里，最遠的時候却能够達到 900 多萬公里，可以說是太陽系當中偏心現象最明顯的**天然的衛星**，所以，很有可能是過去曾經被海王星俘獲的一個星球。

再來看看海衛三，直徑只有 66 公里，所以是比較小的一顆衛星，外形是不規則的，而且，因爲受到海王星引力的影響，在未來可能會達到它的**洛希極限**，然後完全解體，然後，會成爲海王星光環的一部分。在這裏有的人就想了，洛希極限究竟是什麼呢？其實呢，這個著名的洛希極限是由法國天文學家洛希首先求出來的，指的是宇宙中的天然衛星與行星的距離接近到一定的程度之後，行星的**潮汐作用**就會讓這個天然衛星解體，而這個讓天然衛星解體的距離的極限值就是<u>洛希極限</u>。

接著再看看海衛四，是旅行者 2 號在 1989 年發現的，直徑只有 80 多公里，外形也是不規則的，以後也很可能會達到它的洛希極限，然後完全解體，并會逐漸成爲<u>海王星光環</u>的一個部分。

再來看看海衛五，直徑有 150 公里，形狀也是不規則的，但是因爲距離海王星比較近，大概 8 小時的樣子，就可以環繞海王星公轉一周。

接著再看看海衛六，也是旅行者 2 號在 1989 年發現的，平均直徑只有大概 180 公里，也被海王星<u>潮汐鎖定</u>，也永遠只有一面朝著海王星。

而海衛七的直徑呢，只有 193 公里。而海衛八的直徑則有 400 多公里，海衛八表面的<u>陽光反射率</u>很低，只反射太陽光的 6%，所以是太陽系當中最暗的天體之一，就像煤烟那麼黑，從旅行者 2 號拍攝的照片來看，表面分布了大量的<u>隕石坑</u>。再來看看海衛九，直徑只有 62 公里，表面呈現灰色。再看看海衛十，直徑只有 38 公里，是被海王星俘獲的一顆小行星。再看看海衛十一，直徑只有 45 公里，距離海王星比較遠，有 2242 萬公里那麼遠，因此要差不多 8 年才能圍繞海王星公轉一圈，真是搞笑。而海衛十三距離海王星最遠，直徑也只有 60 公里，是在 2002 年的時候發現的。海衛十四則是由<u>哈勃天文望遠鏡</u>在 2013 年發現的。

最後，再來講一下關于海王星的<u>重要天象</u>。首先，由于海王星是太陽系八大行星當中距離太陽最遠的行星，所以是非常暗的，在倍數比較高的**天文望遠鏡**當中，才能够看得見，幷且顯示爲一個藍色小圓盤，因此海王星的著名天象，主要是**海王星沖日**，這個時候太陽、地球和海王星基本排列成一條直綫，周期大概是 367 天。這個時候太陽在西邊下山，海王星就從東邊升了起來，如果天氣晴朗，光污染也比較小的話呢，海王星基本上一整晚都能够進行觀測，由于海王星比較難找，所以，我們可以借助星圖軟件進行尋找，幷且使用天文望遠鏡進行觀察。（海王星最亮也只有 7.8 等，使用肉眼是看不見的）

那麽下一節，我們就來探討一下著名的柯伊伯帶。

31 柯伊伯帶天體

柯伊伯帶，又被稱爲 KBO 帶。它的距離，比海王星到太陽的距離還要遙遠，是一個布滿了碎塊以及星塵的天體密集的**中空圓盤狀**區域。柯伊伯帶的範圍，大概是距離太陽 30 到 50 個天文單位之間，因爲 1 個**天文單位（1AU）**，大概是地球到太陽的距離，也就是 1.5 億公里，所以實際上柯伊伯帶是距離太陽 45 到 75 億公里的範圍，覆蓋的範圍，可以說是非常的大。一般認爲，柯伊伯帶之所以形成，是因爲在太陽系形成的時候，環繞太陽運行的**星塵碎片**（這部分星塵碎片距離太陽比較遠），沒有成功地在萬有引力的聚攏作用下面形成行星，只能形成比較小的天體，在這個柯伊伯帶中，就算是最大的星體，直徑也小于三千公里。

在柯伊伯帶，充滿了微小的碎塊和彗星，都是太陽系形成時代的**星雲殘留物**，從 1992 年開始人們不斷地尋找柯伊伯帶天體，到目前，已經有大概 1000 個柯伊伯帶天體被發現，直徑從幾千米到幾千公里不等。

在這裏，由于海王星與柯伊伯帶之間存在著**軌道共振**，所以，海王星對柯伊伯帶的結構有著重大的影響，海王星對柯伊伯帶的引力，讓柯伊伯帶中的部分天體不穩定，并且把這些天體送進太陽系的內部，或者推到距離柯伊伯帶更遠的**奧爾特雲**，甚至是更遙遠的星際空間當中。

在這裏，由于海王星所引起的這樣子的一種**軌道共振**，所以在柯伊伯帶內部，在 60 到 63 億公里的這個範圍內，沒有天體能够穩定地存在這個區域，就類似于小行星帶中的**柯克伍德空隙**。而在柯伊伯帶當中，包括冥王星在內的 200 個以上天體，它們每環繞太陽公轉兩圈，海王星就圍繞太陽公轉了三圈，這就是著名的 2:3 軌道共振，這些天體，一般都距離太陽大概 39.4 個 AU，也就是距離太陽大概 59 億公里。

所以呢，這些天體也被天文學家稱爲**冥族天體**，除了類似這種 2:3 的**軌道共振**之外，還有 1:2、2:5、3:4、3:5 和 4:7 等軌道共振，而這其實就要看這些星體，它們究竟需要多久圍繞太陽公轉一圈了咯。而其他那些不參與軌道共振的天體，一般被稱爲經典柯伊伯帶天體，也被稱爲**類 QB1 天體**。這些天體的軌道，**偏心率**是比較小的，接近于一個圓形。

下面，我們就來看看柯伊伯帶當中的著名天體。

首先是**冥王星**，在 2006 年第 26 屆國際天文學聯合會當中，認爲冥王星的大小跟柯伊伯帶中的小行星的大小差不多，甚至于部分星體的質量比冥王星還要大，而且冥王星**軌道偏心率**也非常大，于是剝奪了冥王星作爲太陽系大行星的地位，把冥王星降級爲位于柯伊伯帶的**矮行星**。

冥王星是柯伊伯帶當中最大的天體，直徑大概是2370 公里。冥王星圍繞太陽公轉的軌道是一個**很扁的橢圓**，公轉一圈需要 248 年，最近的時候可運行到距離太陽 30 個天文單位，也就是 45 億公里的地方，而最遠則可以運行到距離太陽 49 個天文單位，也就是 74 億公里的地方。（下一次冥王星回到近日點，將會是 2237 年的時候了，希望到時候還有人看這本書哈）

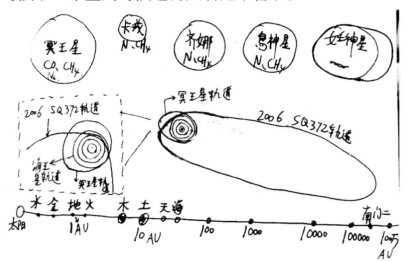

冥王星有時會穿越海王星的軌道，但是因為距離海王星比較遠，而且因為**軌道共振**的關係，所以冥王星并不會撞擊海王星。

冥王星主要由岩石和冰塊組成，大氣成分含有一氧化碳和甲烷，表面覆蓋著大量的冰層及冰凍的**氮和甲烷**，平均溫度約零下 230 攝氏度。

冥王星也有一些衛星，第一顆叫做冥衛一，又叫做卡戎，在 2015 年，**新地平綫號探測器**，測得卡戎的直徑大概是 1208 公里。卡戎圍繞冥王星公轉的**共同質心**是在冥王星外面的，所以冥王星與卡戎是伴星的關係。卡戎也被冥王星**潮汐鎖定**，永遠一面朝著冥王星。卡戎的表面也布滿了冰凍的氮以及甲烷，表面的溫度大概是零下 230 攝氏度。

　　再來看看冥衛二，又叫做尼克斯，是 2005 年利用哈勃天文望遠鏡觀測出來的，平均直徑只有大概 40 公里。此外還有冥衛三，又叫做許德拉，直徑只有大概 50 公里，是 2006 年才發現的。還有冥衛四，是在 2011 年利用哈勃天文望遠鏡發現的，只有幾公里那麼大。冥衛五是在 2012 年被發現的，也只有幾公里那麼大。冥衛 2345 和冥衛 1 都存在著**軌道共振**，當冥衛一圍繞冥王星公轉了一圈之後，冥衛 5 就公轉了 3 圈，冥衛 2 就公轉了 4 圈，冥衛 4 就公轉了 5 圈，冥衛 3 就公轉了 6 圈。

　　接著再來看看第二大的柯伊伯帶天體，也就是**齊娜**，又稱爲鬩神星，同時也屬于**矮行星**。是 2005 年發現的。齊娜圍繞太陽公轉的軌道是一個**很扁的橢圓**，公轉一周大概需要 559 年，圍繞太陽進行公轉的時候，最近可運行到距離太陽 38 個天文單位，也就是 57 億公里的地方，而最遠則可運行到距離太陽 97 個天文單位，也就是 145 億公里的地方。

　　齊娜的直徑大概是 2326 公里，只比冥王星大那麼一點。齊娜的大氣層可能是由**甲烷和氮**所構成的，在距離太陽比較遠的時候，這些甲烷和氮會變成冰體，而在距離太陽比較近的時候呢，則會重新變成氣態。齊娜有個衛星叫鬩衛一，直徑有 800 公里左右，是 2005 年發現的。

　　接著看看第三大的柯伊伯帶天體，就是著名的**烏神星**，是 2005 年才被發現的，直徑大概是 1500 公里，烏神星圍繞太陽公轉一圈，大概需要 310 年，最近可以運行到距離太陽 38 個天文單位，也就是 57 億公里的地方，而最遠則可以運行到距離太陽 53 個天文單位，也就是 80 億公里的地方，也是**冥族天體**。烏神星表面存在大量含有氮和甲烷的冰體。

　　再來看看第四大的柯伊伯帶天體，就是**妊神星**，是橄欖球形的，直徑為 1560 公里，自轉速度非常快，自轉一圈僅需大概 4 小時，很可能是因為受到撞擊而導致的。妊神星表面含有結晶冰的混合物，有兩顆衛星，妊衛一的直徑約為 320 公里，而妊衛二呢，直徑只有 180 公里。

　　緊接著，再來看看**創神星**，直徑大概是 1100 公里，由岩石和冰的混合物構成。相信日後我們將會發現更多柯伊伯帶天體。這些星體都是人類未來開拓太陽系外層空間的重要中轉站。

　　下一節探討一下奧爾特雲。

32 奧爾特雲天體

　　這一節，我們來講一下位于柯伊伯帶更外部的，也就是著名的**奧爾特雲**，這是個布滿星雲殘餘物質及彗星等天體的巨型球殼狀星際雲團。奧爾特雲分爲內奧爾特雲以及外奧爾特雲。奧爾特雲距離太陽大概是 5 萬個天文單位到 10 萬個天文單位，也就是大概 7.5 萬億公里到 15 萬億公里的這個範圍。而因爲一光年，大概相當于 63238.8 個天文單位，所以**奧爾特雲**也可以看成是大概 0.79 到 1.58 光年的這個範圍那麼大。

　　在這裏，我們看到光年這個長度單位開始正式出場，因爲 1AU 這個天文單位已經不太够用了。因此，我們可以看看光年這個長度單位的換算 就是 1 光年等于 63239 個**天文單位**，也等于 94605 億千米。

　　之前談柯伊伯帶的時候，曾經談過，柯伊伯帶到太陽的距離只有 30 到 50 個天文單位 看上去已經很遠了。但跟這個距離太陽 5 萬到 10 萬個天文單位的**奧爾特雲**對比，根本就是小菜一碟了。而且嚴格來說，只有飛出了奧爾特雲，我們才算真正地飛出了太陽系。

　　這種距離我們要怎麼想像比較好呢？我們可以拿一條跑道來想像，現在，有一條直綫跑道，長度大概有 1000 米，而這個奧爾特雲最遠的地方到太陽的距離，就是 15 萬億公里。假設現在我們把整個奧爾特雲不斷地縮小縮小，幷縮小到**奧爾特雲**最遠的地方到太陽的距離，跟這條**直綫跑道**一樣長。然後太陽看作是 **1000 米跑道**的起點，而這個奧爾特雲最遠的地方，也就是太陽系外邊緣，就位于 1000 米跑道終點。

好啦，然後你開始跑步，你就會依次經過距離跑道起點 0.4 厘米的水星，距離跑道起點 0.72 厘米的金星，距離跑道起點 1 厘米的地球和距離跑道起點 1.52 厘米的火星，可能有的人就想了，哎呀，這些星體到跑道起點的距離，2 厘米都沒有，我的脚尖動一動就已經到了，都不用跑步了，真是搞笑。那麼接下來，距離跑道起點 2.2 到 3.64 厘米的這個範圍之內，就是<u>小行星帶</u>，然後在距離跑道起點 5.2 厘米的這個點上就是木星，距離跑道起點 9.54 厘米的這個點上就是土星，距離跑道起點 19.12 厘米的點上就是天王星，在距離跑道起點 30 厘米的點上就是海王星，距離跑道 30 到 50 厘米的這個範圍就是<u>柯伊伯帶</u>。可能有的人心裏就想了，哎呀，這個柯伊伯帶我一步邁出去就已經到了，甚至已經跨越了它，那麼問題來了，這個奧爾特雲又在哪裏呢？其實是在距離跑道起點 500 米到 1000 米的這個範圍之內，所以，雖然一步就跨過了這個<u>柯伊伯帶</u>，但是却要跑一段路才能够到達<u>奧爾特雲</u>，所以，這就是太陽系的尺度了。看來，想要離開我們的太陽系，真的不是一般的難。

奧爾特雲估計一共有 10 的 13 次方那麼多個天體，也就是 1 後面有 13 個 0 那麼多顆天體，這些天體所受到的太陽輻射比較弱，所以是非常穩定的，因此奧爾特雲含有大量的<u>彗星核</u>，可以不斷地創造出新的彗星，所有彗星的總質量，很有可能是地球質量的 5 到 100 倍那麼多。

因此說奧爾特雲是太陽系外層空間的<u>巨大冰庫</u>。這些彗星都是由大量的冰凍物質和塵埃所構成的，但是這邊的大部分彗星從近日點運行到遠日點，可能需要大概1000多年，有些彗星甚至需要幾百萬年的時間。

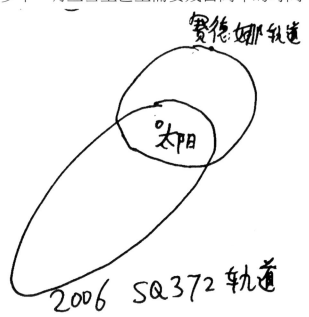

賽德娜軌道

太陽

2006 SQ372 軌道

　　下面，我們來看看位于柯伊伯帶和奧爾特雲之間的著名天體，也就是**塞德娜**，小行星編號為90377，是2003年才被發現的。塞德娜的公轉軌道是一個**典型的橢圓**，環繞太陽公轉一圈需要11400年，距離太陽最近的時候有76個天文單位，也就是114億公里，而距離太陽最遠，則有937個天文單位，大概是1402億公里，是人類目前觀測到距離太陽最遠的**太陽系外層天體**。塞德娜的直徑只有大概一千公里，是太陽系中顏色最紅的天體之一，塞德娜表面由水、甲烷、氮冰及托林等物質所構成（托林是由原始甲烷和乙烷等有機化合物在紫外綫照射下形成的）。天文學家估計還有幾百個類似于塞德娜這樣的天體運行在柯伊伯帶和奧爾特雲之間，于是天文學家把這些天體叫做**內奧爾特雲天體**。

這些類似塞德娜的天體，還有小行星 148209，它圍繞太陽公轉一圈需要 3240 年，距離太陽最近的時候有 44 個天文單位，也就是 66 億公里，而最遠則有 400 個天文單位。此外，還有小行星 87269，遠日點的距離超過 1000 個天文單位，也就是超過 1500 億公里，而近日點只有 20 多個天文單位，也就是 31 億公里，所以軌道的**偏心率**可謂非常高。

此外，還有小行星 2006SQ372，其實也屬于一顆彗星，直徑估計有 100 公里，目前距離地球只有**幾十億公里**，但是最遠却可以到達距離地球 2400 億公里的地方，真的是有趣。最後，還有小行星 2012VP113，表面是**粉紅色**的，來自于太陽和宇宙輻射對冷凍水、甲烷和二氧化碳的化學作用。它距離太陽最近有 120 億公里，最遠則可以達到 700 億公里。

天文學家認爲，這些天體公轉軌道的**偏心率**之所以這麼大，是有幾種假說的。

第一種假說，就是**太陽俘獲學說**，這種學說認爲，在很久很久以前，曾經有一顆恒星帶著一些行星，通過了太陽系的附近，然後太陽的引力俘獲了這個恒星系當中的一些行星，這就好像是太陽這位大老闆，高薪搶走了另外一個公司的員工似的，就類似**獵頭在挖員工**一樣。

第二種假說，就是**奧爾特雲行星影響學說**，這種學說認爲，這些天體公轉軌道的偏心率之所以這麼大，是因爲過去受到奧爾特雲當中的某顆大質量行星的引力影響而導致的，這顆行星的質量可能比木星還要大，所以就導致了這些天體，改變了它們原來的軌道。

　　第三種假說，就是**奧爾特雲外星飛船學說**，這種學說認爲，這些天體公轉軌道的偏心率之所以這麼大，是因爲那其實是外星人的宇宙飛船，可能是半人馬座三體系統派來的在太陽系巡邏游蕩的偵察用飛船，這種學說可謂充滿科幻的色彩。

　　相信說到這裏，大家對**奧爾特雲**都有更加深入的認識。

33 彗星是啥玩意

這一節，我們來探討一下彗星，彗星，是指進入太陽系內部圍繞著太陽公轉的，并且，亮度和形狀會隨著距離太陽的遠近而改變的天體。彗星圍繞太陽公轉的軌道，可以分爲橢圓軌道、拋物綫軌道和雙曲綫軌道。**橢圓軌道**的彗星會圍繞著太陽公轉，并且周期性地靠近太陽。所以橢圓軌道的彗星也被稱爲**周期彗星**，周期彗星也分爲短周期和長周期彗星。短周期的彗星就是圍繞太陽公轉一圈的時間少于 200 年的彗星，大多數是來源于柯伊伯帶的。周期最短的恩克彗星（2P/Encke），周期只有 3.3 年。長周期的彗星一般來源于奧爾特雲。

而拋物綫或者雙曲綫軌道的彗星，一生只會接近太陽一次，萬一離開了，就可能永遠都回不來了，所以也被稱爲**非周期彗星**。這些彗星可能并不是太陽系的成員，而是來自太陽系外的星際空間，不知不覺闖入太陽系，換句話就是這些彗星是路過進來打醬油的。

所以部分拋物綫或雙曲綫軌道的非周期彗星，很可能會被太陽引力俘獲，而形成圍繞太陽公轉的**周期彗星**。天文學家發現，圍繞太陽運行的彗星，有大概 1700 多顆。但還有許多彗星沒有被發現。

當這些彗星接近恒星，例如太陽的時候，彗星中的物質就會升華，并且在彗核周圍形成朦朧的彗發和一條由稀薄物質流所構成的彗尾。因此說呢，彗星可以分爲彗核、彗發和彗尾三個部分。

下面，先來看看**彗核**，是彗星的核心，彗核看上去就有點像是馬鈴薯一樣，部分彗核的直徑，可能只有幾百米到十幾公里。主要是由凝結成冰的水、乾冰、塵埃、氨和岩石等物質所混雜而成的。表面的顏色是非常黑的，所以彗核的**反射率**并不高，因此，彗星也被叫做**髒雪球**，大部分彗星的彗核，密度比水還小，所以，彗核內部孔隙率是比較高的。

再看看**彗發**，是彗核的蒸發物，是由氣體和塵埃組成的霧狀物體，主要成分是氫、氧、硫、碳、一氧化碳、氨基、氰和鈉等。形狀和大小跟距離太陽的遠近有關，一般來說，距離太陽越近，彗發就越明亮而且越大，長度有時候甚至超過太陽直徑。并達到了幾十萬公里那麼長。

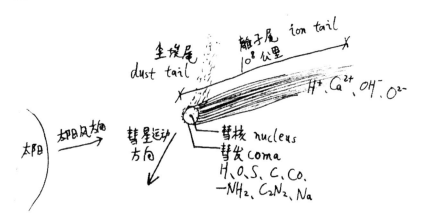

下面，再來看看**彗尾**，彗尾的出現，主要是因為當彗星接近太陽的時候，彗星表面的冷凍氣體蒸發或者升華所導致的。在這個時候，彗核內部的物質受熱後，壓力就會逐漸增大，然後衝破外殼，噴射出各種各樣的物質，并且包裹在彗核外面。一般來說，太陽風的速度達到每秒 300 到 500 公里，所以彗星的彗尾也非常的長。

當彗星遠離太陽的時候，彗尾的體積就變小，而當彗星接近太陽的時候，彗尾的體積就會變大。

彗星的彗尾，又可以分為塵埃尾與離子尾。塵埃尾就是由塵埃和小顆粒碎塊所構成的。**塵埃尾**，主要是反射太陽光的，而且因為太陽光輻射到這些塵埃尾上面是存在著壓力的，所以，塵埃尾也往往也偏離太陽的方向，這其實也被天文學家稱之為**太陽輻射光壓**。（太陽帆也是依賴太陽輻射壓的原理製成的，詳見著名的科幻小說三體和著名的游戲《戴森球計劃》）

除了塵埃尾，還有**離子尾**，離子尾之所以形成，是因為彗星氣體分子被太陽的**高速帶電粒子流**，也就是太陽風撞擊之後，就會變成由離子和電子所組成的**等離子體**，而這種等離子體是會發光的。彗尾上面不同的離子所發出的光是不一樣的，一般彗星的離子尾之所以呈現藍色，是因為含有比較多的一氧化碳離子，其實彗星還有一些氫離子、鈣離子、氫氧根離子等之類的離子，也發出各種各樣不同的光芒，但是因為**藍光**比較強，所以不容易看得出別的顏色。但是，還有一些彗星的離子尾是發出**綠光**的，非常的美麗。天文學家對彗星進行光譜分析之後，還發現彗星當中存在著碳離子和氧離子，所以部分人便認為地球生命是起源于彗星的，是在很久以前無數彗星帶著有機物質，撞擊地球而產生出來的。

甚至有天文學家認爲，太陽系八大行星和衛星上面的水，很有可能在很久很久以前，大量彗星從太陽系外面進入太陽系，并且撞擊這些行星和衛星所帶來的。因此彗星也稱爲太陽系的**送水工**。天文觀測還發現，在宇宙當中存在著一種搞笑的彗星，叫做酒精彗星，這種酒精彗星每秒會噴射出 20 噸富含乙醇的液體，大概就相當于每秒噴 500 桶酒。

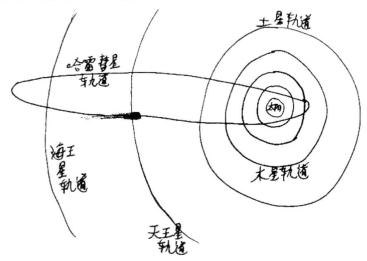

下面，我們來看看著名的**哈雷彗星**，哈雷彗星是最著名的彗星，是由英國物理學家愛德蒙哈雷首先測定軌道數據的。哈雷彗星是人類第一顆記錄到的**周期彗星**，圍繞太陽公轉一圈需要大概 76 年，距離太陽最近可以達到 0.88 億公里，最遠呢，則可以達到 53 億公里，所以呢，哈雷彗星的軌道是一個偏心率非常大的橢圓。哈雷彗星上一次距離太陽最近的時候是在 1986 年，而下一次距離太陽最近的時候是在 2061 年 7 月 28 日了，到時候使用肉眼就可以直接看見這顆哈雷彗星了。

哈雷彗星的彗核大小是 16 公里乘 8 公里乘 7.5 公里，所以并不大，就像是一個放大版的花生或是土豆一樣。彗核主要是由水冰所構成的，此外還有乾冰等物質，就像是**鬆散的大雪堆**。彗核外包了一層矽酸鹽和碳氫化合物，最外層是蜂窩形狀的難溶的碳質外殼。

哈雷彗星的表面非常髒而且非常的黑，最少有 5 到 7 個地方，正在不斷地往外噴射塵埃氣體。哈雷彗星的彗尾主要是由水、氨、氮、甲烷、一氧化碳、二氧化碳等的物質所構成的，哈雷彗星距離太陽越近的話，它的彗發和彗尾就會噴發得越厲害，于是，哈雷彗星就顯得越明亮。所以**哈雷彗星**每環繞太陽公轉一圈，就要損失大概 6 米厚的冰、塵埃和岩石，因此哈雷彗星大概還能環繞太陽公轉兩千多圈，而在幾十萬年之後，哈雷彗星將會耗盡內部所有的物質，最終消失在茫茫宇宙中。

其實這些彗星在環繞太陽公轉的軌道上面所噴射出來的碎片，就形成了著名的**流星雨**了，那麼下一節我們就來探討一下流星雨。

34 浪漫的流星雨

流星雨，是一種非常浪漫的天文現象，一般是因爲彗星的碎片顆粒以非常高的速度冲進地球的大氣層，巨大的動能轉化爲熱能，引起**物質電離**幷且發出耀眼的光芒所導致的。在每年，地球圍繞太陽公轉的時候，都會穿過許多彗星軌道上面所遺留下來的碎片，就有機會看到流星雨了。爲了區別來自于不同方向的流星雨，通常以流星**輻射點**所在的天區的星座，來給流星雨命名。好比如，每年 11 月出現的獅子座流星雨，就是我們看見這些流星在地球大氣層劃過的時候位于獅子座的方向。

流星雨具有時間上的周期性，天文學家也稱爲**流星周期**。在流星雨的極大期，每小時在地球大氣層上面出現的流星可能會超過 1000 顆，這個時候就稱爲**流星暴**，這個時候可以在短時間之內，看到在同一個輻射點迸發出成千上萬顆流星，就像是人們放烟花一樣的壯觀。此外，所有流星的反向延長綫都相交于這個輻射點。

但有些流星是單獨出現的，稱爲**偶發流星**，發生的天區和時間都是隨機的，跟流星雨不一樣。流星雨當中，大部分流星體的體積比沙子還要細小，因此，大部分的流星體都會在地球的大氣層當中燒毀，幷不會擊中地球的表面。而極少部分的流星體可能會擊中地球的表面，那就是**隕石**了，所以隕石是流星墜落地面的殘留部分。

關于流星雨的最早記載是位于公元前 687 年的左傳裏：夜中星隕如雨。古代關于流星雨的記載有 180 次那麽多。

流星雨的**流星數目**，是跟流星的大小有關的，而且黎明之前流星出現的概率最大，傍晚的時候最小，換句話就是說，下半夜出現流星的概率比上半夜要大。此外，下半年出現的流星數比上半年要大。秋季流星比春季多。這跟地球遭遇**彗星碎片顆粒**的概率有關。

　　觀測流星，需要有寬敞的視野，而且通常不要使用望遠鏡，只需要雙眼和晴朗的天空就可以了，因為如果使用望遠鏡的話，目光範圍就會大大減小，所能夠觀測到的流星數量就會大大減少。此外如果流星數目比較小，或者是天氣不好，很有可能幾個小時只看到幾顆，也是正常的。（此外**月亮的月相**也會影響流星雨的觀察，如果那天月亮是新月附近是比較好的）。

　　規模大的流星雨，1 分鐘之內就可以看見幾顆流星，大規模的流星雨，例如是 2001 年的獅子座流星雨，曾經某 1 分鐘之內就可以看到幾十顆。此外，因為觀測的**視野範圍**越大，就能看到越多的流星。所以，如果是多人進行觀測的時候，可以不同的人分別負責不同的天區，而且視野方向要儘量固定，否則可能就會錯過流星。

　　實際上，**流星的顏色**與流星的化學成分和化學反應的溫度有關，例如鈉原子發出的光是橘黃色的、鎂是藍綠色的、鈣是紫色的、矽是紅色的、鐵是黃色的等等，非常美麗。

　　流星通常是不會發出聲音的，就算有，也集中在低頻波段的聲音。但是，**火流星**可能就會聽到很明顯的聲音，例如是著名的沙沙聲甚至是雷鳴聲，這是因為，這種火流星的質量比較大，而且亮度也比較高，在與地球的**大氣層**發生劇烈摩擦時，就像一條發光的巨大火龍劃過天際。而在火流星消失之後，就會留下雲霧狀的長帶，稱爲**流星餘迹**，是由電離氣體和流星碎片所構成的，持續的時間只有幾十秒到幾分鐘，但是也有持續好幾個小時的，那麼這些流星餘迹，甚至還能够反射無綫電波，所以是可以用來傳遞信息的。部分的火流星會落到地球的表面，稱爲隕石，表面通常是焦黑的，這是經過大氣層高溫熔融之後的結果（截至 2020 年，世界最大的隕石是霍巴隕鐵）。

　　部分隕石有極大的收藏價值，價格也很高。流星雨可以按照月份進行分類。下面就來看看不同月份的一些流星雨。

　　1 月有**象限儀座流星雨**，碎片來源于 2003EH1 彗星，每小時流量大概 40 顆，速度中等，一般持續 1 小時。

　　2 月還有**半人馬座流星雨**，速度比較快，流星也較亮。

　　3 月有**矩尺座 γ 流星雨**，4 月有**天琴座流星雨**，天琴座流星雨流量不算大，但亮的流星比較多，多數是火流星，在極大時期**每小時的流星數理論值**，也就是 ZHR，保持在幾十顆的範圍。

　　4 月還有著名的**船底座 π 流星雨**，碎片來源于斯科耶勒魯普彗星，流量幷不高。到 5 月則有著名的**寶瓶座 η 流星雨**，碎片的來源于哈雷彗星，速度較快，峰值流量可達到每小時 40 顆。

　　6 月有著名的**牧夫座流星雨**，碎片來源于 7P 彗星，1998 年牧夫座流星雨，在其中某個小時流星數甚至達一百多顆左右。

再看看 7 月，有**南魚座流星雨**以及**摩羯座 α 流星雨**等，其中摩羯座 α 流星雨的流星速度雖然比較慢，但是火流星也是比較多的，而極大時期每小時的流星數理論值，也就是 ZHR，保持在幾顆到十來顆的範圍，不是特別多，在 2020 年 7 月 30 日就曾經出現過。

再來看看 8 月，還有著名的**英仙座流星雨**，幾乎都在每年固定的時間出現，是最活躍的流星雨，碎片來源于斯威夫特塔特爾彗星，英仙座流星雨與象限儀座流星雨、雙子座流星雨一起，并稱爲北半球的**三大流星雨**。在英仙座流星雨極大時期，每小時流星數理論值可以達到 30 到 60 顆，所以很容易觀測到。但是速度比較快，屬于高速的流星雨群。

9 月，還有著名的**禦夫座 δ 流星雨**，流量其實并不大。

10 月還有**天龍座流星雨**，碎片來源于 21P 彗星，活躍期比較短，在 2016 年的 10 月 7 日或者 8 月晚上，就出現了天龍座流星雨，流星速度比較慢，跟地球環繞太陽公轉的速度有較大的關係。

10 月還有著名的**獵戶座流星雨**，流星的碎片來源也是著名的哈雷彗星，流星速度比較快，亮流星也比較多，而且呈現出白色，峰值的流量持續時間比較長。每小時流星的流量通常是在 25 顆左右。

11 月還有**獅子座流星雨**，被稱爲**流星雨之王**，流星碎片來源于周期大概爲 33 年的坦普爾塔特爾彗星，每小時最大流量達十幾顆。

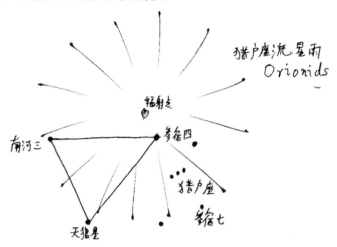

12 月有著名的**雙子座流星雨**，與象限儀座流星雨、英仙座流星雨幷稱北半球三大流星雨，極大時每小時流星流量達 120 顆左右。雙子座流星雨的碎片來源于小行星 3200 法厄同，是極少數碎片不是來源于彗星的流星雨。雙子座流星雨的流星顏色是偏白的，而且速度比較慢，但亮流星較多，伴隨火流星出現。

那麼下一節，我們就開始進入星座的旅程了。

35 星座以及星等

　　首先在天氣晴朗的時候，我們一般人使用肉眼可以看到星空當中大概<u>六千多顆亮星</u>，如果我們把這些亮星，按照它們在天空中的分布，劃分成若干形象的區域的話呢，那這些區域就叫做星座了。

　　星座起源于古巴比倫，後來，古希臘著名天文學家<u>托勒密</u>，使用假想的綫條，把星座內部的主要亮星連起來，并想像爲動物或人物的形象，然後結合<u>神話故事</u>，把這些星座起了一些恰當的名字，這就是星座名稱的由來。其實大部分的星座，都是古希臘和中世紀流傳下來的。

　　到了現代，國際天文學聯合會把全天精確地分爲 <u>88個星座</u>，然後每一個星座，我們都可以由其中明亮的星體所構成的形象生動的<u>形狀圖形</u>辨認出來。根據 88 個星座的不同位置和恒星出沒的情況，又可以進一步劃分爲<u>五大區域</u>，分別是 5 個北天拱極星座，19 個北天星座，12 個黃道十二星座，10 個赤道帶星座和 42 個南天星座。

　　這些星座之所以位置會變動，是由地球自身的自轉和公轉所導致的。但是因爲<u>宇宙的尺度</u>，比地球到太陽的距離要大得多，所以，經過一年之後，在星空當中，<u>星座裏面星的位置</u>其實跟前一年是差不多的（但幾萬年甚至上億年後，位置就會發生較大變化）。因此，星座也被旅行者、航海家和航天器，當作是<u>識別方向</u>的標志。

　　在北半球，人們通常使用<u>北斗七星</u>來尋找北極星，在精度要求不高的情況下，可以認爲北極星所在的方向就是北方。一旦識別出北極星和任何一顆恒星，整個星空都可以通過恒星的相對位置來進行識別。好比如，通過延長**北斗七星**的斗柄，就可以尋找到牧夫座的大角星，大角星是一顆雙星，此外還能够尋找到室女座的角宿一，角宿一是一顆變星。其實在春季，可以使用**春季大三角**和大鑽石尋找別的星座。而在夏季，可以通過**夏季大三角**尋找別的星座，在秋季，可以通過飛馬座的**秋季四邊形**尋找別的星座，在冬季也可以通過明亮的**獵戶座和冬季大三角**去尋找別的星座。

要更好理解星座的所在位置，我們要知道什麼叫做天球，天球，是一個與地球有著**相同核心**的假想的具有**無限大半徑**的虛擬球體，天空中所有星星就好像挂在這個虛擬的球體上面，但其實這些星星是有遠有近的，有的**深空天體**，甚至接近到宇宙邊緣那麼遠。

在天球當中，也有**天球坐標系**，并且分爲赤經和赤緯。赤經通過天球南北兩極并且與天球的赤道互相垂直。赤經的算法跟地球的經度是的不一樣的，計算的起點爲**春分點**。而且，是在天球赤道上面自西向東從 0 小時到 24 小時算的，每個小時也有 60 分。

而赤緯，是垂直于赤經的，在天球的北半球，赤緯的度數爲正數，而在天球的南半球呢，赤緯的度數爲負數。此外，還有**北天極**，指的是地軸和天球在北方相交的一點。赤緯的度數爲正 90 度。此外還有**南天極**，指的是地軸和天球在南方相交的一點。赤緯的度數爲負的 90 度。

下面我們先來看看**北天拱極星座**，是指北天極附近的星座。對位于地球中緯度地區的觀察者來說，北天拱極星座是永遠都不會降到地平綫下面的，北天拱極星座一共有 5 個，分別是小熊座、大熊座、仙后座、天龍座以及仙王座。在這裏，有著名的**北極星**，位于小熊座的尾巴尖上面，後面也會慢慢說到這個。

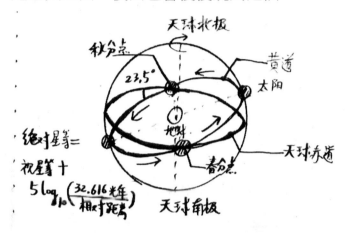

接著，是**北天星座**，一共有 19 個，分別是蝎虎座、仙女座、鹿豹座、禦夫座、獵犬座、狐狸座、天鵝座、小獅座、英仙座、牧夫座、武仙座、後發座、北冕座、天猫座、天琴座、海豚座、飛馬座、三角座、天箭座。看上去很多，後面也會慢慢說到這些星座。

接著是**黃道十二星座**，也是最著名的星座群，也是最具有代表意義的星座群，甚至代表了人的 12 種基本性格原型，但是因爲在這裏談的是天文學和宇宙學，所以性格這些就不說了。

這黃道十二星座，分別是巨蟹座、白羊座、雙子座、寶瓶座、室女座、獅子座、金牛座、雙魚座、摩羯座、天蝎座、天秤座以及人馬座。

　　接著是<u>赤道帶星座</u>，一共有 10 個，分別是小馬座、小犬座、天鷹座、蛇夫座、巨蛇座、六分儀座、長蛇座、麒麟座、獵戶座、鯨魚座。最後是 42 個<u>南天星座</u>，由于數量實在太多，所以這裏就不說了，後面我們會一個個星座地說。

　　最後，爲了衡量這些<u>天體的光度</u>，就出來了星等這麼一個名詞。要注意的是，星等的數值越小，星星就越亮。而星等的數值越大，星星就越暗。而星等又可以分爲視星等以及絕對星等。<u>視星等</u>也叫做目視星等，是我們使用肉眼所能够看到的星體的亮度。一般來說，我們使用肉眼所能够看到的星有 6000 多顆，也就是南北半球分別能够看到 <u>3000 多顆星</u>，它們大多數都是<u>恒星</u>。根據視星等的公式，如果兩顆恒星的星等數每相差一等，那麼它們的視亮度就相差 2.512 倍。于是，1 等星的視亮度恰好就是 6 等星的 100 倍。而肉眼所能够看到的最暗的星是 <u>6 等星</u>。例如，太陽的視星等是-26.7 等，非常亮，而月球在滿月的時候的視星等是-12.6 等，金星最亮的時候視星等可以達到-4.4 等。

　　但視星等却不能反映恒星的<u>真實亮度</u>，這是因爲視星等并沒有考慮恒星到地球的距離。好比如，你把兩個不同大小功率的節能燈泡，放在不同的距離，大的放遠一點，小的就放近一點，于是你看上去，小的就會顯得更加明亮一點，而大的呢，却顯得更加暗一些。但是在實際當中，大的燈泡比小的燈泡所發出的光是更加强的。所以，這種視星等并不能够作爲量度<u>恒星真實亮度</u>的指

176

標，于是，**絕對星等**就出來了。絕對星等，是假設把全部恒星放在距離地球 <u>32.6 光年</u>的地方所測得的恒星的亮度，是反映恒星真實的發光本領的，視星等和絕對星等之間是可以換算的，并且存在著一條帶有對數的換算公式。于是，因爲有了**絕對星等**這麼一個假想的星等，所以部分恒星到地球的距離就虛擬地被改變了，所以，它們的絕對星等可能會比視星等更大或更小。與視星等類似，**絕對星等**每相差 1 等，恒星的光度，就是恒星所發出的光的**真實亮度**就相差 2.512 倍，1 等星光度恰好是 6 等星的 100 倍。（通常來說，人眼可以看到視星等爲 6 等的星，但是厲害的人可以看到更加暗的星星，在城市當中因爲<u>光污染</u>，通常只能够看到 2 等的星，再暗的星就很有可能會看不見的了。）

　　而對于行星、彗星和小行星等**非恒星天體**來說的話，絕對星等的定義又是不一樣的，是把這些非恒星天體全部假想放置在距離太陽和地球都爲 1 個天文單位，而且相位角爲 0 的一個地方，只爲了計算方便。

36 白羊座的天體

　　首先，由于宇宙當中的天體、星系和星雲等實在是太多了，所以現在開始用星座來對**星空的範圍**進行劃分。當然每一個星座裏面的天體到地球的距離都是不一樣的。

　　在這裏有必要說說恒星光譜，通常取決于恒星表面的溫度，溫度最高的恒星一般呈現出**藍色的光芒**，簡稱O，然後接著按照溫度從高到低排列分別是，B 藍白色，A 白色，F 黃白色，G 黃色，K 橙色，M 紅色，簡記爲OBAFGKM，各個光譜裏面還用數字分檔。前面第 11 章當中的**手繪赫羅圖**也有描繪過。神奇的是，其他顏色的星，例如綠色是不存在的，這個其實跟恒星中正在參與核聚變的**化學元素**的成分和比例有巨大關係。

　　還有必要說說主星的含義，主星的出現，可能是這顆主星還有一顆伴星，構成**雙星系統**，在某些情況下，還會互相遮掩，從而讓亮度發生周期性變化，構成**食雙星系統**，如果主星有兩顆伴星，便構成**三體系統**，而主星是最爲明亮的那顆。

　　那麼接下來，我們就正式開始進入浩瀚宇宙的**星星之旅**。在這趟旅程中，大家可以配合一些星圖軟件，好比如名字叫做 Stellarium 的軟件，手機星圖軟件，甚至是三維的**星空模擬軟件**，好比如一個名字叫做 Space Engine 的游戲等等，結合網上的搜索，這會讓大家覺得這個宇宙的旅程變得更有趣。

首先，這一節我們先來說說著名的**白羊座**。白羊座又叫做牡羊座，是黃道第一星座。這是一個很暗的小星座，秋季的時候位于**飛馬座四邊形**的附近。白羊座的亮星如圖所示，星等均爲**視星等**。

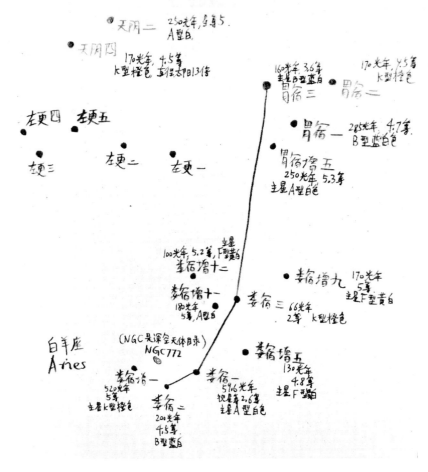

37 金牛座的天體

這一節來看看金牛座，是黃道第二星座，裏面有著名的深空天體，也就是兩星團加一個星雲，它們是昴星團、畢星團及蟹狀星雲。

昴星團，也被叫做**七姊妹星團**，簡稱 M45，屬于**疏散星團**，比球狀星團的恒星密度要低得多，昴星團總共含有超過 3000 顆恒星。昴星團距離地球大概 400 多光年，雖然距離遠，但是在晴朗的夜空當中，僅僅使用肉眼就能够看見它了。在這裏 M45 當中的 M 代表著**梅西耶星表**的 110 個天體之一，這是 18 世紀法國天文學家**梅西耶**觀測幷記錄下來的。

畢星團裏面的星距離地球大概 150 光年，屬于疏散星團，有 300 多顆星。但最亮的畢宿五幷不是星團中的成員。

其中，蟹狀星雲，代號 NGC 1952。是 1054 年一顆**超新星**爆炸之後所遺留下來的殘骸。目前以每秒一千多公里的速度膨脹，蟹狀星雲的物質主要是由**離子化**的氫和氦等元素所構成的，在星雲中心有顆直徑約 30 公里的**脉衝星**，也就是一顆高速自轉的中子星，每隔一定時間發射一次輻射脉衝，電磁脉衝的波段從無綫電波到伽瑪射綫的整個波段都有。脉衝星的磁場强度，達到地球的 10 倍以上。

在這裏，NGC 又名爲 New General Catalogue，也稱爲星雲和星團新總表，裏面一共有 7840 個天體，包

括幾乎所有類型的**深空天體**，總表的出現是天文觀測史

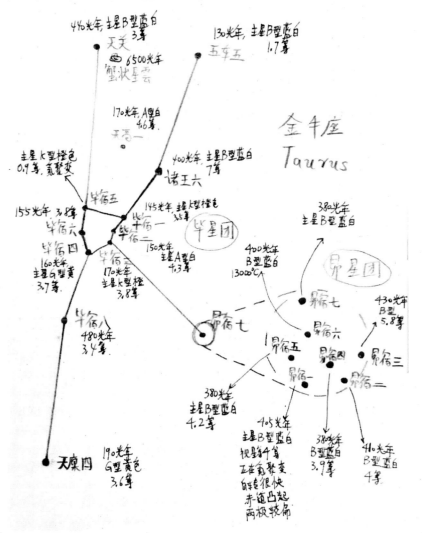

上的重要里程碑之一。

38 雙子巨蟹天體

這一節我們就來看看雙子座和巨蟹座，雙子座是黃道第三星座，位于金牛座和巨蟹座的旁邊。

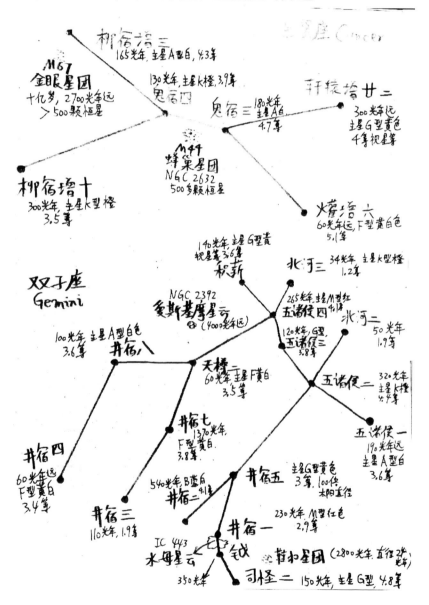

39 獅子室女天體

　　獅子座是黃道第五星座，獅子座位于室女座和巨蟹座之間，是**明亮的星座**，最容易在**春季星空**中被辨認出來，五帝座一與牧夫座的大角星及室女座角宿一，組成**春季大三角**。

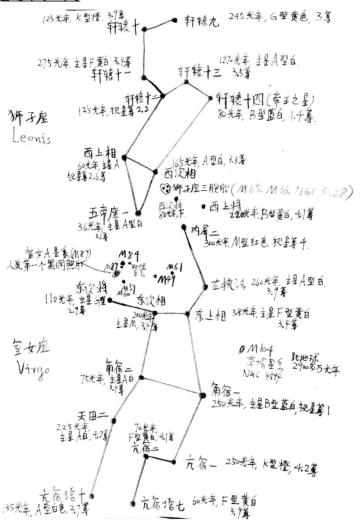

125光年, K型橙, 3.9等 軒轅十
245光年, G型黃色, 3等 軒轅九
275光年, 主星F黃白, 3.9等 軒轅十一
127光年, 主星A型白. 軒轅十三 3.5等
125光年, 視星等 2.2 軒轅十二
軒轅十四 (帝王之星) 80光年, B型藍白, 1.4等
獅子座 Leonis
西上相 60光年, 主星A 視星等2.6等
165光年, A型白, 3.3等 西次相
五帝座一 36光年, 主星A型白 3.9等
西次將 80光年 西上將 220光年, B型黃白, 4.1等
獅子座三胞胎 (M65, M66, NGC 3628)
內屏二 300光年, M型紅色, 視星等 4等
室女A星系(M87) 人類第一個黑洞照片 M84 M86 M61 M89 M49
左执法 260光年, 主星A型白, 3.9等
東次將 110光年, 主星M型 2.9等 東次相 2000光年 主星M, 3.6等
東上相 38光年, 主星F型黃白 3.9等
室女座 Virgo
M104 草帽星系 NGC 4594 距地球 2900萬5光年
角宿二 75光年, 主星A白 3.9等
角宿一 250光年, 主星B型藍白, 視星等1等
天田二 225光年, 主星A白, 4.2等
70光年, F型黃白, 4.1等 亢宿二
亢宿一 250光年, K型橙, 4.2等
亢宿增十 135光年, A型白色, 3.7等
亢宿增七 60光年, F型黃白 3.9等

40 天秤天蝎天體

　　天秤座是黃道第七星座，又被稱爲天平座，在全天 88 個星座當中面積排行第 29 位，這個星座位于室女座旁邊，并象徵著公平。天蝎座是十二星座中最顯著的星座。

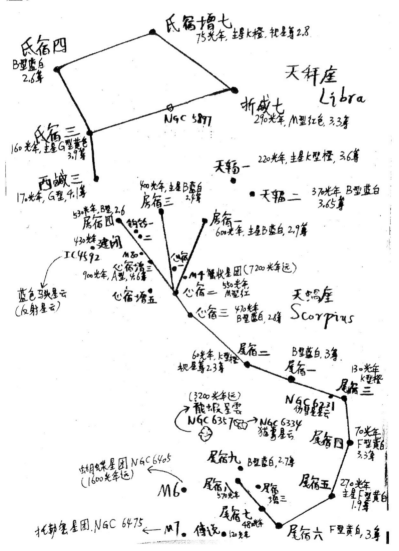

41 人馬摩羯天體

　　人馬座，也被稱爲射手座，是黃道第九星座，在全天 88 個星座當中，人馬座的面積排行第 15，整個人馬座都位于銀心的方向附近，看上去就真的像是一個弓箭手。其中，M8 **礁湖星雲**（代號 NGC 6523），距離地球大概 4000 光年，裏面充滿了炙熱的氣體，是許多年輕恒星的家園。內部高溫恒星的輻射讓星雲內部的**氣體電離**，產生了礁湖星雲那美麗的光芒，因此這種星雲也被天文學家稱爲**發射星雲**。礁湖星雲中還存在一些暗星雲，被稱爲**博克球狀體**，博克球狀體，由天文學家巴特博克發現，被認爲是恒星形成的區域。

　　還有 M20 **三葉星雲**，內部有 3 條暗帶，是觀測的重要對象之一。還有 M17 天鵝星雲，**天鵝星雲**距離地球大概 5000 光年，星雲之所以呈現各種各樣的顏色，是因爲新的恒星的高溫，電離了附近的氣體，從而讓它們發出光芒。在星雲的光譜當中，綠色代表氫元素比較多，而紅色則代表硫元素比較多，而藍色則代表氧元素比較多。在天鵝星雲內部還有一些比較黑的部分，那是因爲背景的星光被星雲內部的**碳質塵埃微粒**吸收所導致的。還有 M18 **天鵝星團**，由法國天文學家梅西耶發現，距地球 5000 光年，由幾十顆恒星組成。

　　在北半球夏季，會看見**銀河系的中心**在人馬座的方向上，有著許多星團和星雲，用**雙筒望遠鏡**可以觀察到不少天體。

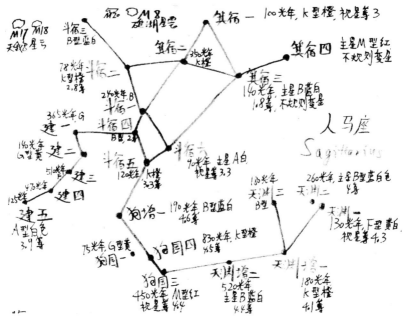

摩羯座是黃道第十星座，也稱爲山羊座，在全天88個星座中，面積排行第40位，下面是摩羯座中的明亮天體。

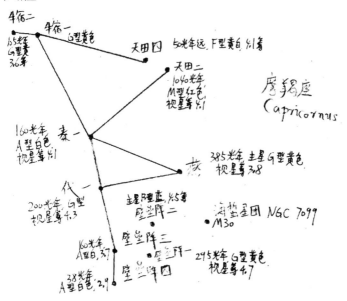

42 寶瓶雙魚天體

　　先來看看著名的寶瓶座，也被稱爲**水瓶座**。寶瓶座在摩羯座和雙魚座之間，下面看看**寶瓶座**的天體。

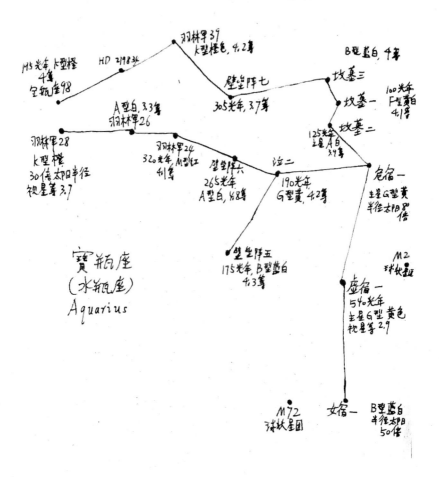

　　再看看著名的**雙魚座**，是黃道第 12 星座。下面看看雙魚座當中的著名天體。其中，有著名的 M74 **幻影星系**，位于右更二附近，M74 漩渦星系有一個明亮的核心，外層是一團很暗的**環形星塵**，裏面的恒星數目有幾百上千億。是一個很强的 **X 射綫發射源**，說明星系核心可能存在超大質量黑洞。

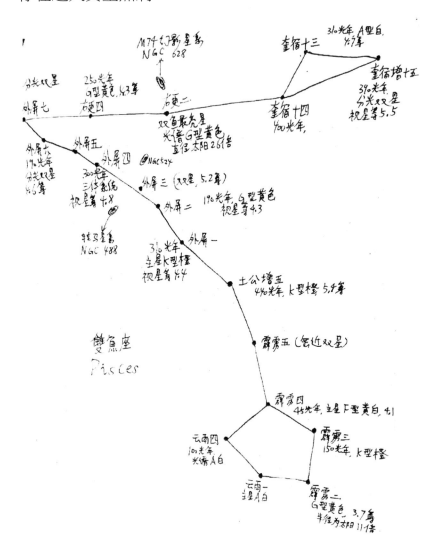

奎宿十三

奎宿增十五
310光年, A型白,
4.7等

390光年,
分光雙星
視星等5.5

M74幻影星系
NGC 628

奎宿十四
700光年,

分光双星

外屏七
右更四

250光年,
G型黄色, 4.3年

右更二

双鱼最亮星
光譜G型黄色
直径 太阳 261倍

外屏六
170光年
分光双星
8.5等

外屏五

外屏四 NGC524

外屏三 (双星, 5.2等)

300光年,
三合系统,
视星等 6.8

外屏二
190光年, G型黄色
视星等 4.3

蛙漩星系
NGC 488

外屏一

310光年,
主星K型橙
视星等 4.4

双鱼座
Pisces

土公增五
440光年, K型橙 5.4等

霹雳五 (密近双星)

霹雳四
46光年,主星F型黄白, 4.1

云雨四
100光年
光谱A白

霹雳三
150光年, K型橙

云雨一
主星A白

霹雳二
G型黄色 3.7等
半径为太阳 11倍

188

43 雙熊天龍天體

　　小熊座，是北天拱極星座之一，又被稱爲小北斗，與大熊座的北斗七星互相呼應。下面是**小熊座**中的著名亮星。

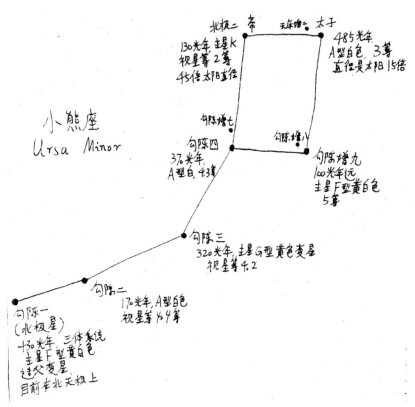

　　在天文觀測當中，如果使用相機長曝光拍攝北極星附近天區幾個小時，就可以導出天體圍繞北極星轉動的美妙星軌。一萬多年後**織女星**將取代勾陳一，成爲新的**北極星**。（因爲地球和太陽系位置的改變）

　　再看看大熊座，是北斗七星所在的星座。在北緯 40度以上的地區，一年四季都看見**大熊座**，在 88 個星座中面積排第三。其中開陽星是由開陽 A 星和開陽 B 星共同構成的。

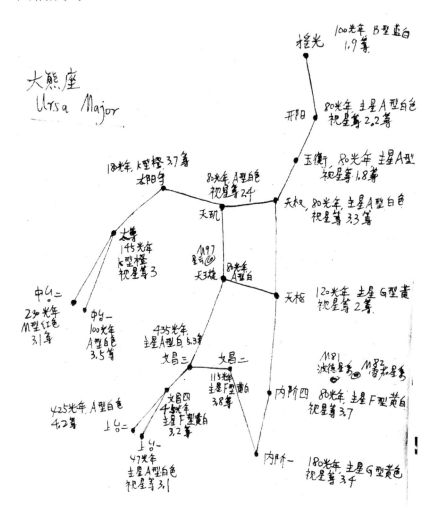

再來看看天龍座，在全天 88 個星座當中，面積排行第八位。北半球四季可見，如同蛟龍，盤旋在大熊座、小熊座與武仙座附近。

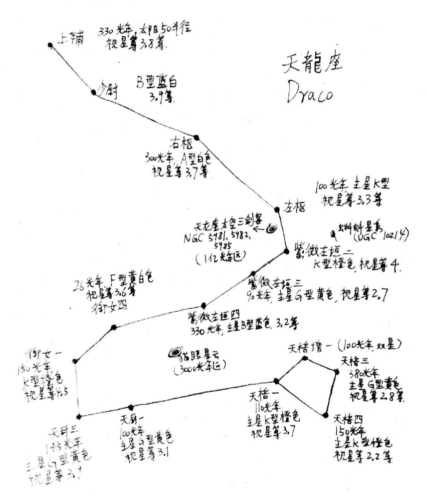

天龍座
Draco

上輔
330光年，太陽50半徑
視星等3.8等

少尉
B型藍白
3.9等

右樞
300光年，A型白色
視星等3.7等

左樞
100光年 主星K型
視星等3.3等

天龍座左邊三劍客
NGC 5981, 5982,
5985
(112光年遠)

蝌蚪星系
(UGC 10214)

紫微左垣二
K型橙色 視星等4.

紫微左垣三
90光年 主星G型黃色 視星等2.7

26光年 F型黃白色
視星等3.6等
御女四

紫微左垣四
330光年 主星B型藍白 3.2等

貓眼星云
(3000光年遠)

天棓增一 (100光年 雙星)

天棓三
380光年
主星G型黃色
視星等2.8等

御女一
150光年
K型橙色
視星等2.5

天棓一
110光年
主星K型橙色
視星等3.7

天廚一
100光年
主星G型黃色
視星等3.1

天廚三
115光年
主星G型黃色
視星等3.1

天棓四
150光年
主星K型橙色
視星等2.2等

191

44 仙王仙後天體

　　先看看仙王座，在全天 88 個星座中，面積排第 27 位。仙王座主要是五顆比較亮的恒星所構成的。在秋季晚上特別引人注目。仙王座有兩個著名的星雲，第一個是**鳶尾花星雲**，代號 NGC 7023，距離地球大概有 1300 光年那麼遠。在這個星雲的內部，有一個年輕的**熾熱恒星**，在這顆恒星的周圍，環繞著半徑大概有 6 光年以上的星塵，而之所以發射出藍光和紅光，由中心區域發出的強烈紫外綫照射造成的，如同巨大的**宇宙花瓣**。

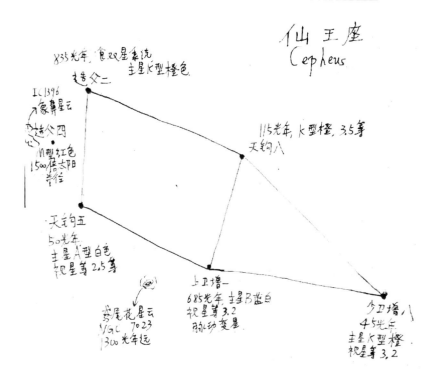

此外還有**象鼻星雲**，代號爲 IC 1396，距離地球有 1500 光年那麼遠。由氣體和塵埃雲所共同組成，其中比較暗的**絲狀纏繞物體**，是**多環芳香烴**的分子。斯皮策太空望遠鏡，就曾經拍攝過大量關于象鼻星雲的照片，紅外輻射的蜿蜒細絲，跨度達到 12 光年那麼大，非常的美麗壯觀，有興趣的朋友可以在網上搜索一下這些照片的。

再來看看<u>仙后座</u>。內部有著名的**氣泡星雲**，代號爲 NGC 7635，由恒星和熾熱氣體所共同構成的，星雲當中的一些電子從能量較高的軌道躍遷到能量較低的軌道而發出光芒。內部有<u>沃爾夫拉葉星</u>類型的恒星。

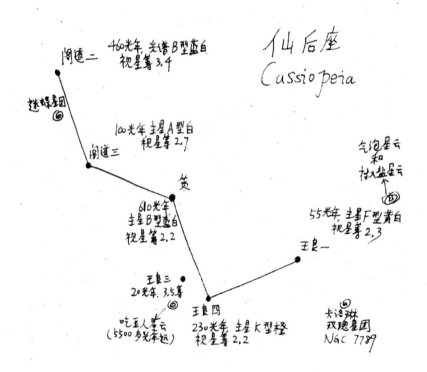

45 禦夫鹿豹天體

先看看禦夫座，在全天 88 個星座中，面積排行第 21 位。禦夫座主要是六顆比較亮的恒星共同構成的。春季晚上特別引人注目。

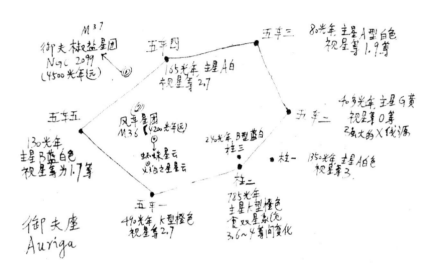

在希臘神話當中，代表著一個抱著羊咩的農夫在駕車。

而在中國古代的星宿當中，則代表著五輛戰車。

再看看鹿豹座，鹿豹座在全天 88 個星座當中，面積排行第 18 位。是一個**北天星座**，南緯 7 度以南地區的人是看不見的。鹿豹座 3 個比較亮的天體，構成**鹿豹座三角形**，下面來看看一些亮星。

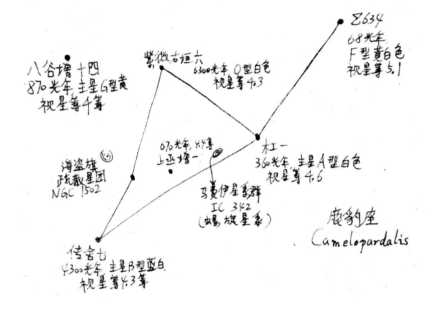

八谷增十四
870光年 主星G型黃
視星等4等

紫微右垣六
6300光年 O型白色
視星等4.3

Z634
68光年
F型黃白色
視星等5.1

870光年，X等
上丞增一

海盜旗
疏散星團
NGC 1502

馬麟伊星系群
IC 342
(螺旋星系)

木工一
360光年 主星A型白色
視星等4.6

鹿豹座
Camelopardalis

傳舍七
4300光年 主星B型藍白
視星等4.3等

46 英仙座的天體

在全天 88 個星座中，英仙座的面積排行第 24 位。英仙座當中一些比較亮的恒星共同組成一個著名的**人字形**。在秋季，英仙座跨越了銀河，所以使用雙筒望遠鏡或者天文望遠鏡，都很容易搜到大量包括恒星、星團和星雲在內的**明亮天體**。

其中，在英仙座星系群內部，有好幾千個星系，它們距離地球都有好幾億光年那麼遠。最明顯的星系，就是 NGC 1275，包含有兩個星系，而且是高能的**電磁波發射源**，主宰著英仙座的星系群，在星系的內部，有大量星系碎片以及熾熱氣體所共同構成的絲狀物質。

英仙座還有著名的大陵五，它是一個三體系統，亮度會在 2.1 到 3.4 等之間發生變化，實際上是其中兩顆恒星在互相環繞著公轉所導致的，也被稱爲**食雙星**，而第三顆恒星則是一個時不時跑進來的 "電燈膽"，對于類似的變星，也被稱爲**大陵型變星**。

目前，已經發現的大陵型變星有好幾千顆那麼多，通過測量光度變化的周期規律，我們可以知道他們的公轉周期。周期最短的大陵型變星，周期只有 3 小時，周期最長的大陵型變星，周期可以達到 27 年。

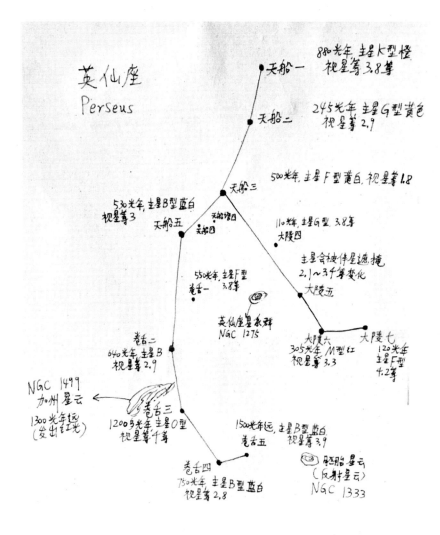

英仙座
Perseus

天船一 880光年 主星K型橙 视星等3.8等

天船二 245光年 主星G型黄色 视星等2.9

天船三 500光年,主星F型黄白,视星等1.8

天船增一 530光年,主星B型蓝白 视星等3
天船五
天船四

大陵四 110光年,主星G型,3.8等

大陵五 主星会被伴星遮掩 2.1~3.4等变化

卷舌一 550光年,主星F型 3.8等

英仙座星系群 NGC 1275

大陵六 305光年,M型红 视星等3.3
大陵七 120光年 主星F型 4.2等

卷舌二 640光年,主星B 视星等2.9

NGC 1499 加州星云 1300光年远 (发出红光)

卷舌三 1200光年 主星O型 视星等千等

卷舌五 150光年远,主星B型蓝白 视星等3.9

卷舌四 750光年 主星B型蓝白 视星等2.8

胚胎星云 (反射星云) NGC 1333

47 仙女三角天體

　　先看看著名的仙女座，在全天 88 個星座中面積排行第 19 位，裏面有著名的 M31 仙女星系，代號爲 NGC 224，是一個巨大的漩渦星系，距離地球大概有 250 萬光年那麽遠，直徑有 22 萬光年那麽大，是**銀河系直徑**的兩倍，含有 4000 多億顆恒星。在星系核心被認爲存在著一個有 3000 多萬個太陽質量的**超級黑洞**，正在吞噬著各類型天體。以每秒 300 公里的速度靠近銀河系，可能會在**30 到 40 億年**之後撞上銀河系，成爲橢圓星系。

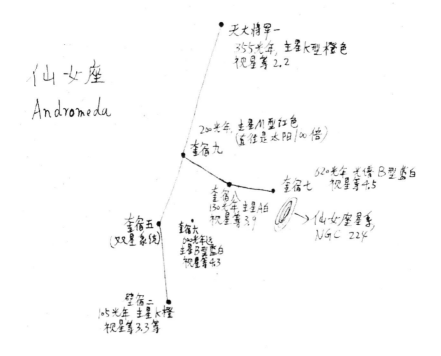

　　再來看看著名的三角座，在全天 88 個星座當中，三角座的面積排行第 78 位。三角座，是由三顆比較明亮的天體所共同構成的。內部有著名的 M33 **風車星系**，代號爲 NGC 598，距離地球大概有 295 萬光年，直徑超過 5 萬光年。內部存在**超新星爆發**之後形成的一些塵埃團。在 M33 螺旋星系和仙女座星系間，存在著一條由氫原子團塊所組成的**氫橋**，長度達到 78 萬光年。

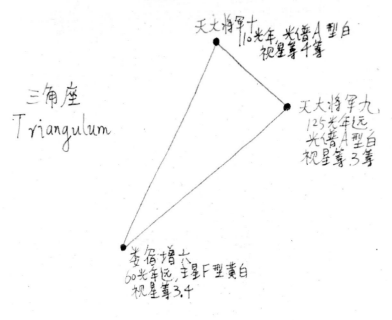

48 飛馬蝎虎天體

先看看著名的飛馬座，在全天 88 個星座中，飛馬座面積排行第 7 位。飛馬座有著名的**秋季四邊形**。裏面有 M15 飛馬座大星團，距離地球大概有 3 萬多光年，非常精緻而且明亮，有著非常緊密的核心，幷很有可能存在**中子星**。還有 NGC 7814 **小墨西哥帽星系**，距離地球

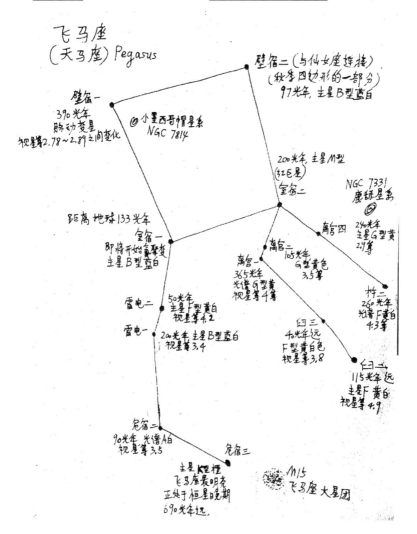

飞马座
(天马座) Pegasus

壁宿二 (与仙女座连接)
(秋季四边形的一部分)
97光年，主星B型蓝白

壁宿一
390光年
脉动变星
视星等2.78~2.89之间变化

⊚小墨西哥帽星系
NGC 7814

200光年，主星M型
(红巨星)
室宿二

NGC 7331
鹿纹星系

万宫四
240光年
主星G型黄
2.9等

距离地球133光年
室宿一
即将开始氦聚变
主星B型蓝白

万宫二
105光年
G型黄色
3.5等

万宫一
365光年
光谱G型黄
视星等等4等

杵二
260光年
光谱F黄白
4.3等

雷电二
50光年
主星F型黄白
视星等4.2

雷电一
200光年 主星B型蓝白
视星等3.4

臼三
40光年远
F型黄白色
视星等3.8

臼一
115光年远
主星F黄白
视星等4.9

危宿二
90光年 光谱A白
视星等3.5

危宿三

主星K型橙
飞马座最明亮
正处于恒星晚期
690光年远

⊛ M15
飞马座 大星团

200

大概有 4000 萬光年。

再看看**蝎虎座**。在全天 88 個星座當中，蝎虎座的面積排行第 68 位，在南緯 33 度以北的地方，可看到完整的蝎虎座，而在南緯 55 度以南的地方是看不見的，下面是蝎虎座中的亮星。

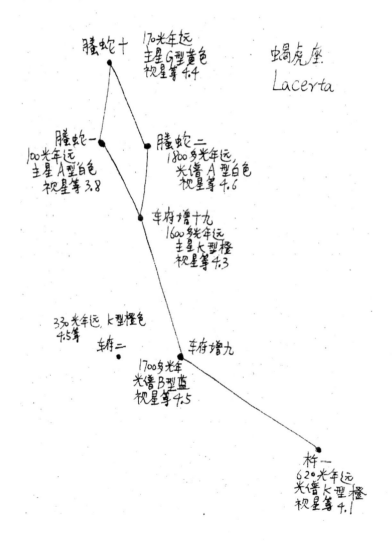

49 天鵝海豚天體

先看看著名的天鵝座，在全天88個星座當中，天鵝座的面積排行第16位。**天鵝座**的天體組合，很像是一隻翱翔天際的天鵝。內部有著名的**東面紗星雲**。

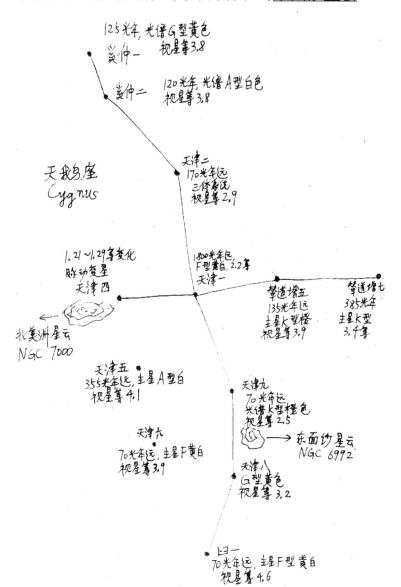

125光年, 光譜G型黃色
奚仲一 視星等3.8

奚仲二 120光年, 光譜A型白色
視星等3.8

天鵝座
Cygnus

天津二
170光年遠
三体系統
視星等2.9

1.21~1.29等變化
脈動變星
天津四

1800光年遠
F型黃白, 2.2等
天津一

輦道增五
135光年遠
主星K型橙
視星等3.9

輦道增七
385光年
主星K型
3.4等

北美洲星云
NGC 7000

天津五
355光年遠, 主星A型白
視星等4.1

天津九
70光年遠
光譜K型橙色
視星等2.5

→ 东面纱星云
NGC 6992

天津六
70光年遠, 主星F黃白
視星等3.9

天津八
G型黃色
視星等3.2

Εヨー
70光年遠, 主星F型黃白
視星等4.6

接著再看看<u>海豚座</u>當中的著名天體，在全天 88 個星座當中，海豚座面積排行第 69 位。下面是海豚座中的亮星。

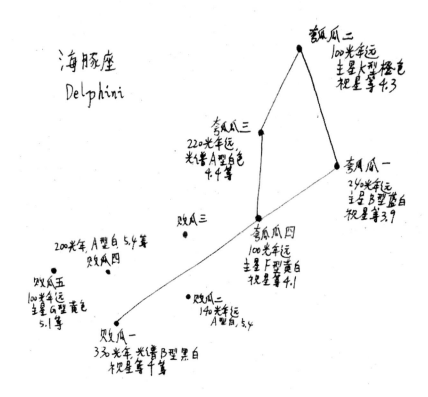

50 天箭狐狸天琴

　　先來看看**天箭座**，在全天 88 個星座中，天箭座的面積排行第 86 位。天箭座中幾顆最明亮的天體排列就像支箭。

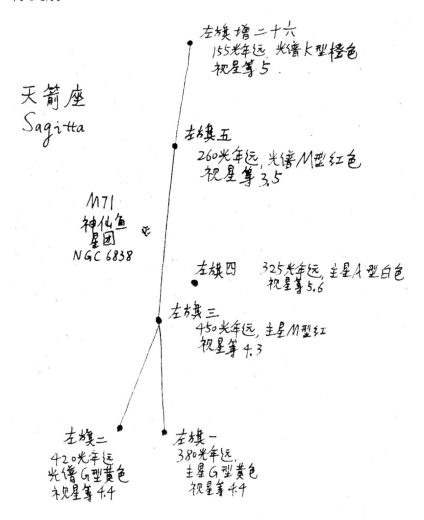

天箭座
Sagitta

左旗增二十六
155光年遠, 光譜K型橙色
視星等 5

左旗五
260光年遠, 光譜M型紅色
視星等 3.5

M71
神仙魚
星團
NGC 6838

左旗四　　325光年遠, 主星A型白色
視星等 5.6

左旗三
450光年遠, 主星M型紅
視星等 4.3

左旗二
420光年遠
光譜G型黃色
視星等 4.4

左旗一
380光年遠
主星G型黃色
視星等 4.4

再來看看著名的**狐狸座**，在全天 88 個星座當中，狐狸座的面積排行第 55 位。其中，有著名的 M27 **啞鈴星雲**，距離地球大概有 800 多光年，星塵的往外膨脹速度，大概爲每秒 30 公里，是內部恒星滅亡時候的浩大閉幕式，中心位置有顆**白矮星**。

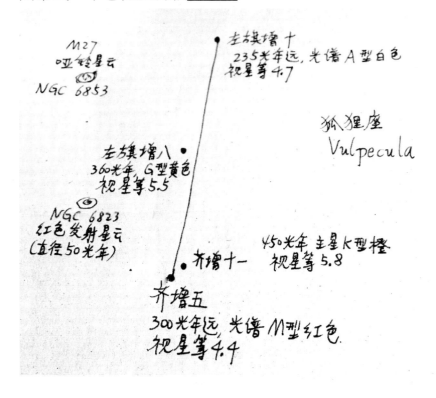

再來看看著名的**天琴座**，在全天 88 個星座當中，天琴座的面積排行第 52 位。天琴座是北天銀河當中最燦爛的星座之一。天琴座形狀就好像是古希臘時代的豎琴，而天琴座的織女星（織女一）與天鷹座的牛郎星，以及天鵝座的天津四，共同構成了著名的**夏季大三角**，是夏季星空中著名的星象之一。

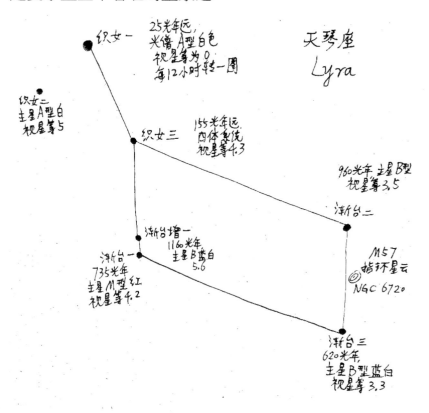

51 武仙北冕牧夫

　　首先是武仙座，在全天 88 個星座中，武仙座的面積排行第 5 位。在夏季星空當中，武仙座是個巨大的星座。內部還有著名的 **M13 球狀星團**，由英國天文學家愛德蒙·哈雷發現，直徑大概為 150 光年，內部含有 100 萬顆恒星，距離地球大概有 25000 光年那麼遠。

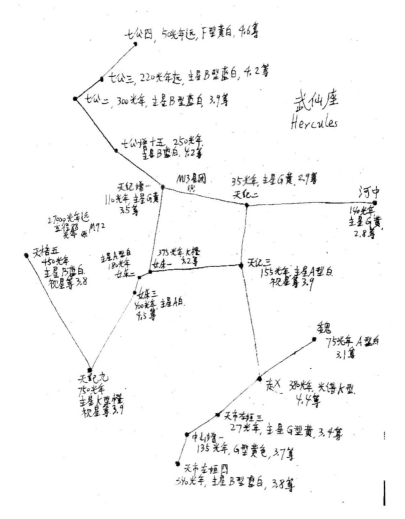

再看看北冕座，在全天 88 個星座當中，北冕座的面積排行第 73 位。在星座裏面，**七個明亮的天體**共同構成一個美麗的皇冠，在這個皇冠的上面，看上去就有七顆美麗漂亮的寶石。

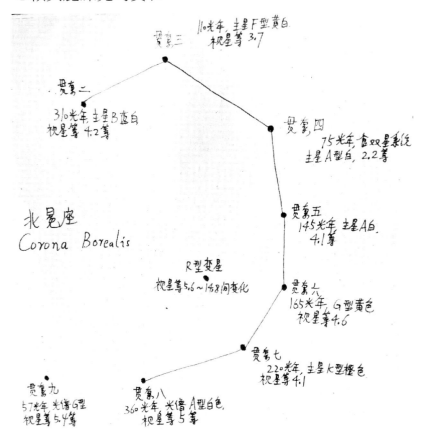

貫索三
110光年，主星F型黃白
視星等3.7

貫索二
310光年 主星B藍白
視星等4.2等

貫索四
75光年，食双星系從
主星A型白，2.2等

北冕座
Corona Borealis

貫索五
145光年，主星A白，
4.1等

R型變星
視星等5.6～14.8間變化

貫索六
165光年，G型黃色
視星等4.6

貫索七
220光年，主星K型橙色
視星等4.1

貫索九
57光年 光譜G型
視星等5.4等

貫索八
360光年 光譜A型白色，
視星等5等

再看看牧夫座，在全天 88 個星座中，牧夫座面積排行第 13 位。**牧夫座是個明顯的星座**。其中大角星是牧夫座當中最明亮的恒星，同時也是北半球夜空當中第二亮的恒星，僅次于天狼星。**大角星**距離地球大概有 36 光年。在五月下旬，只要沿著北斗七星斗柄的曲綫延伸出去，就很容易找到大角星。大角星在天文觀測中具有重要的地位，人們通常把大角星作爲識別星座及判斷方向的**重要天體**，同時，也是春季大三角、春季大麯綫以及春季大鑽石的重要標志及組成部分。

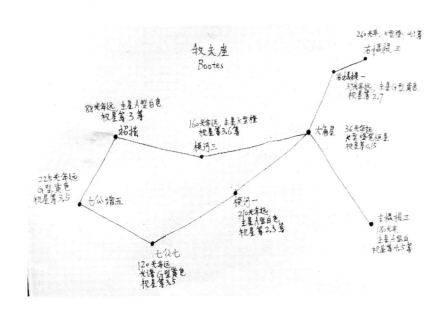

52 獵犬後發天體

首先是獵犬座，在全天 88 個星座當中，獵犬座的面積排行第 38 位。**獵犬座**是由波蘭天文學家約翰赫維留創立的，是三個代表著狗狗的星座之一，而其他兩個就是小犬座和大犬座。

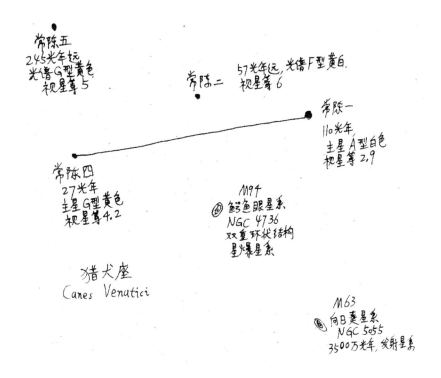

常陳五
245光年遠
光譜G型黄色
視星等5

常陳二　　57光年遠，光譜F型黄白.
視星等6

常陳一
110光年
主星A型白色
視星等2.9

常陳四
27光年
主星G型黄色
視星等4.2

M94
鮨魚眼星系
NGC 4736
双重环状结构
星爆星系

猎犬座
Canes Venatici

M63
向日葵星系
NGC 5055
3500万光年, 发射星系

接著後發座，全天 88 個星座中，後發座面積排第
42 位。裏面有著名的**後發座星系團**，內部含有上萬個星
系，距離地球 2 億多光年，換句話就是說，我們所看到
那邊的光已經是 2 億多光年前從那邊發出來的了，後發
座星系團正在紅移中，說明它正在不斷地遠離銀河系當
中。是**高倍望遠鏡**的重要觀測對象。

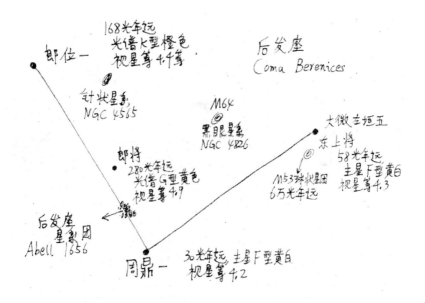

郎位一

168光年远
光谱K型橙色
视星等4.4等

后发座
Coma Berenices

针状星系
NGC 4565

M64
黑眼星系
NGC 4826

大微主垣五

东上将
58光年远，
主星F型黄白
视星等4.3

郎将
280光年远
光谱G型黄色
视星等4.9

M53球状星团
6万光年远

后发座
星系团
Abell 1656

周鼎一

30光年远，主星F型黄白
视星等4.2

53 天猫小獅天體

在全天 88 個星座中，天猫座面積排行第 28 位。天猫座之所以出現，是在 1690 年，波蘭天文學家**約翰赫維留**，爲了填補大熊座和禦夫座之間的空隙而分出的星座。

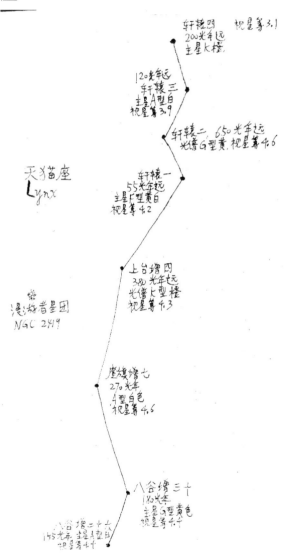

接著是小獅座，全天 88 個星座中，小獅座面積排 64 位。

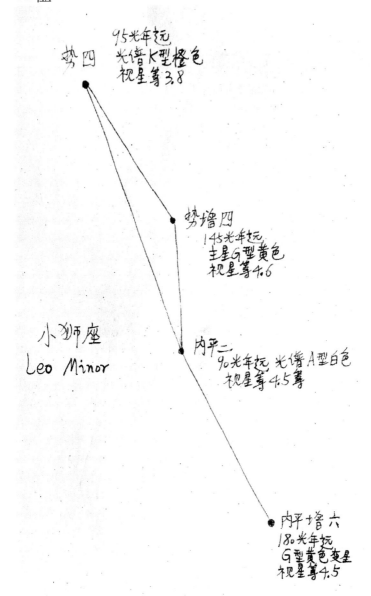

势四
95光年远
光谱K型橙色
视星等3.8

势增四
145光年远
主星G型黄色
视星等4.6

小狮座
Leo Minor

内平二
90光年远 光谱A型白色
视星等4.5等

内平增六
180光年远
G型黄色变星
视星等4.5

54 獵戶鯨魚天體

首先是獵戶座。最佳觀測時間是 12 月到 4 月，一般是從東南方地平綫升起，然後從西南方地平綫落下的。

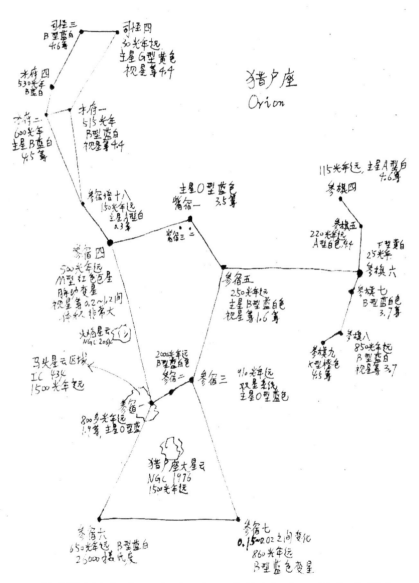

接著是鯨魚座，在全天 88 個星座中，鯨魚座排行

第 4 位。鯨魚座，有著名的 **M77 鯨魚座 A**，距地球有 4700 萬光年，有著一個活動星系核，在星系核心發射出強大電磁波，周圍有著稠密的圓盤物質。

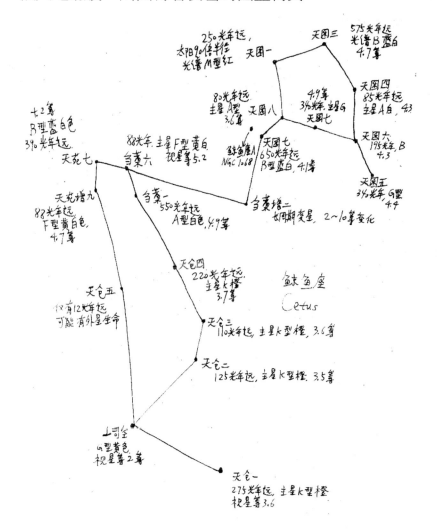

55 小馬天鷹天體

首先是小馬座，在全天 88 個星座當中，小馬座的面積排行第 87 位。下面來看看**小馬座**當中的一些著名亮星。

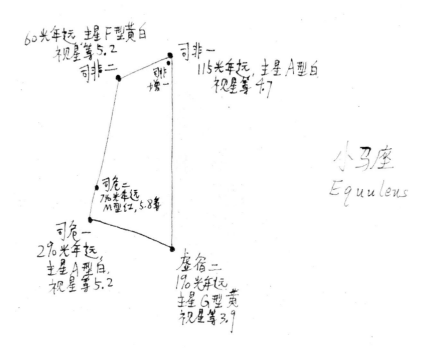

60光年遠 主星F型黃白
視星等5.2
司非二

司非一
115光年遠，主星A型白
視星等4.7

排增一

小马座
Equuleus

司危二
7%光年远
M型红，5.8等

司危一
2%光年远
主星A型白，
視星等5.2

虚宿二
1%光年远
主星G型黃
視星等3.9

接著是天鷹座。在全天 88 個星座當中，**天鷹座**的面積排行第 22 位。天鷹座，是著名的**牛郎星**所在的星座。牛郎星自轉很快，自轉一圈大概只需要 9 小時。

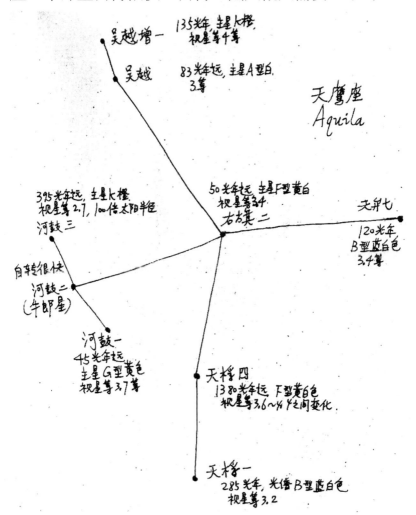

吳越增一　135光年，主星K橙，視星等4等

吳越　83光年遠，主星A型白，3等

天鷹座
Aquila

395光年遠，主星K橙，視星等2.7, 100倍太陽半徑
河鼓三

50光年遠，主星F型黃白，視星等3.4
右旗其二

天弁七
120光年
B型藍白色
3.4等

自轉很快
河鼓二
（牛郎星）

河鼓一
45光年遠
主星G型黃色
視星等3.7等

天桴四
1380光年遠，K型黃色
視星等3.6~4等之間變化

天桴一
285光年，光偏B型藍白色
視星等3.2

56 蛇夫巨蛇天體

首先是蛇夫座，在全天 88 個星座當中，蛇夫座的面積排行第 11 位。內部有著名的**巴納德星** (V2500 Oph)，位于宗正一附近，距離地球大概只有 6 光年，是距離太陽系第二近的恒星系統。巴納德星是一顆**紅矮星**，直徑只有太陽的六分之一，視星等大概爲 9.6 等，因此亮度非常弱，需要借助天文望遠鏡觀察。由于距離不遠，所以能看到巴納德星在星空當中的運動，這被天文學家稱爲**恒星自行運動**。

巴納德星是所有已知恒星當中**自行運動**最快的恒星，每秒在星空當中走 90 公里，因此，天文學家也把巴納德星稱爲逃亡之星，而且**巴納德星**正在以每秒 107 公里的速度靠近我們。那麼到了公元 11800 年的時候呢，巴納德星將會運行到距離太陽 3.85 光年的地方，幷取代**比鄰星**，成爲距離太陽最近的恒星。

還有蛇夫拿著的那條巨蛇座，被蛇夫座一分爲二。**蛇夫座**當中有著名的**鷹狀星雲**，代號爲 NGC 6611，形狀很像是一隻展翅翱翔的雄鷹。在星雲內部，有一些黑色的很像大象鼻子的區域，是由稠密的星塵所組成的，是恒星誕生的場所。而那些外面有著五彩繽紛顏色的區域，是**電離氫區域**。鷹狀星雲的內部還有**創生之柱**，裏面充滿了分子和星際塵埃，而分子雲的邊緣，有向外擴散的薄紗狀結構，稱爲氫電離區。通過天文觀測，人們發現氫元素是星際物質當中的老大哥。在創生之柱，存在著**暗星雲**，內部溫度是比較低的，在暗星雲的內部，輻射強度比較弱，**分子氫**可以穩定存在。

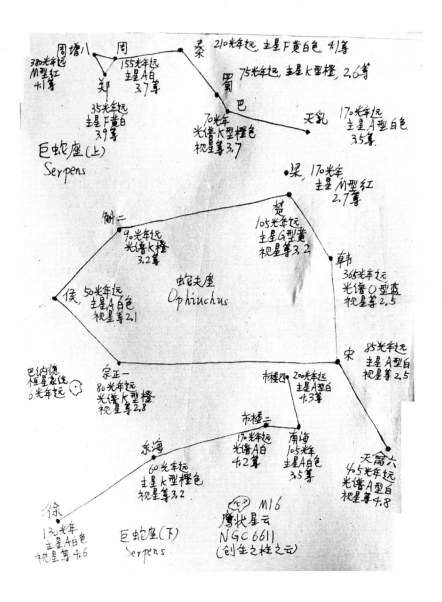

周墻八
380光年遠
M型紅
4.1等

周墻八　周
155光年遠
主星A白
3.7等

秦　210光年遠，主星F黃白色，4.1等

蜀　75光年遠，主星K型橙，2.6等

鄭
35光年遠
主星F黃白
3.9等

巴
70光年
光譜K型橙色
視星等3.7

天乳
170光年遠
主星A型白色
3.5等

巨蛇座(上)
Serpens

梁，170光年
主星M型紅
2.7等

楚
105光年遠
主星G型黃
視星等3.2

斛二
90光年遠
光譜K橙
3.2等

韓
365光年遠
光譜O型藍
視星等2.5

侯
50光年遠
主星A白色
視星等2.1

蛇夫座
Ophiuchus

巴納德
恒星飛快
6光年遠

宗正一
80光年遠
光譜K型橙
視星等2.8

市樓四　200光年遠
主星A型白
4.3等

宋
85光年遠
主星A型白
視星等2.5

市樓二

東海
60光年遠
主星K型橙色
視星等3.2

170光年遠
光譜A白
4.2等

南海
105光年
主星A白
3.5等

天龠六
4.5光年遠
光譜A型白
視星等4.8

徐
130光年
主星A白色
視星等4.6

巨蛇座(下)
Serpens

M16
鷹狀星雲
NGC 6611
(創生之柱之雲)

219

57 六分長蛇天體

　　首先是六分儀座，在全天 88 個星座當中，六分儀座的面積排行第 47 位，之所以叫做**六分儀座**，是因爲波蘭天文學家約翰赫維留，爲了紀念他經常用的六分儀而設置的。六分儀在航海中曾用來確定船隻位置。

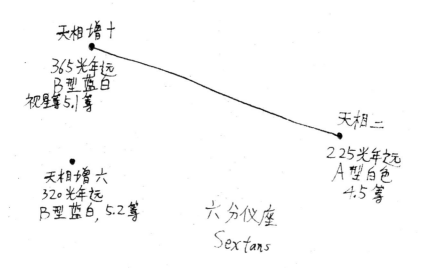

天相增十
365光年远
B型蓝白
視星等5.1等

天相二
225光年之远
A型白色
4.5等

天相增六
320光年远
B型蓝白, 5.2等

六分仪座
Sextans

看看**長蛇座**，在全天 88 個星座中面積排行**第 1 位**，是面積最大的星座，橫跨的天區是比較大的。

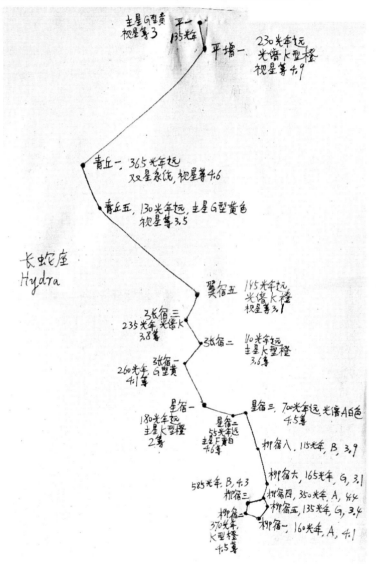

58 小犬麒麟天體

首先是小犬座，在全天 88 個星座中，<u>小犬座</u>的面積排行第 71 位。裏面有著名的南河三，距地球只有 11.5 光年，主星 F 型黃白色，視星等 0.4 等，南河三與獵戶座上面的參宿四和大犬座的天狼星一起，共同構成了著名的<u>冬季大三角</u>，南河三目前已經進入了<u>氦聚變</u>的階段。南河三的伴星是白矮星，大小只有 2 個地球，兩者互相環繞一圈，需要大概 40 年的時間。

此外還有麒麟座。在全天 88 個星座當中，麒麟座的面積排行第 35 位，<u>麒麟座</u>當中麒麟的意思，是獨角獸或者是犀牛。麒麟是一種神秘的動物，全身披滿鱗甲。古人用麒麟來象徵祥瑞。

內部有著名的<u>玫瑰星雲</u>，代號爲 C49 或 NGC 2238，距離地球有 5200 光年，直徑大概爲 130 光年，是一個巨大的氫電離區，內部的核心地帶，有一個名字叫做 NGC 2244 的<u>疏散星團</u>，星團內部炙熱恒星所發出的恒星風，電離了星雲中的星塵，讓它們發出美麗的輝光，原理就有點類似地球上面的極光，只是在星雲當中，規模要遠遠大于極光。

此外還有<u>聖誕樹星團</u>，代號爲 NGC 2264，距離地球大概有 3000 光年，通常來說呢，在晴朗而且沒有什麼光污染的情況下面，天文愛好者利用小型的天文望遠鏡甚至是<u>雙筒望遠鏡</u>，就能够看見這個聖誕樹星團咯，在這棵樹上面，還點綴了各種不同顏色的小燈，其實就是各種各樣不同的恒星系統，所以是個非常之有趣的星雲。

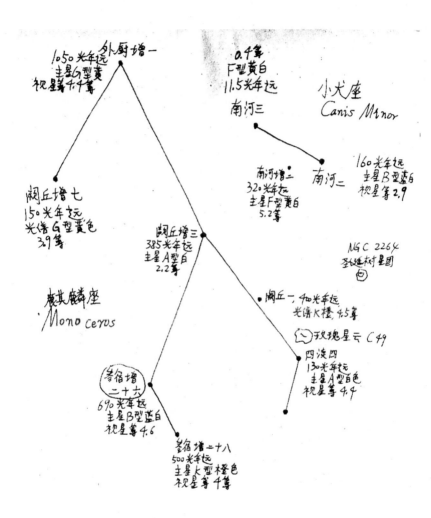

1050光年远
主星G型黄
视星等4.4等
外厨增一

0.4等
F型黄白
11.5光年远
南河三

小犬座
Canis Minor

南河增二
320光年远
主星F型黄白
5.2等

南河二

160光年远
主星B型蓝白
视星等2.9

阚丘增七
150光年远
光谱G型黄色
3.9等

阚丘增三
385光年远
主星A型白
2.2等

NGC 2264
圣诞树星团

阚丘一, 400光年远
光谱K橙, 4.5等

麒麟座
Monoceros

玫瑰星云 C49

四渎四
130光年远
主星A型白色
视星等4.4

参宿增
二十六
690光年远
主星B型蓝白
视星等4.6

参宿增二十八
500光年远
主星K型橙色
视星等4等

59 大犬天兔天鴿

　　首先是大犬座。在全天 88 個星座當中，大犬座的面積排行第 43 位。在神話故事中，**大犬座**是獵人奧瑞恩的一隻獵狗。裏面有著名的**天狼星**，在北半球，天狼星、南河三和參宿四一起，構成了著名的**冬季大三角**。天狼星是一個著名的雙星系統。

　　天狼星 A 和天狼星 B 互相圍繞公轉一圈，需要大概 50 年的時間，它們距離地球，則有大概 8.65 光年。天狼星 A 是一顆恒星光譜為 A 型的白色恒星，半徑是太陽的 1.8 倍，表面的溫度高達一萬攝氏度。

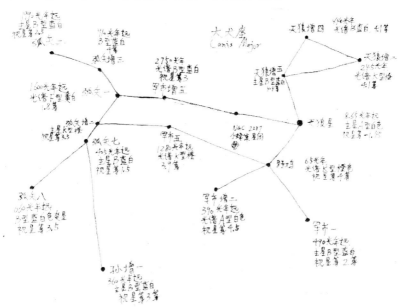

　　天狼星 B 是一顆**白矮星**，質量比太陽要大，但是，天狼星 B 的半徑卻比地球還要小，因此內部物質密度非常高，從而導致內部物質主要處于**簡幷狀態**（電子簡幷壓力造就了密度很高的白矮星的存在）。

接著看看天兔座，在全天88個星座當中，**天兔座**的面積排行第51位，整個星座就好像是一隻**奔跑的兔子**。裏面還有一些以廁所命名的星體。

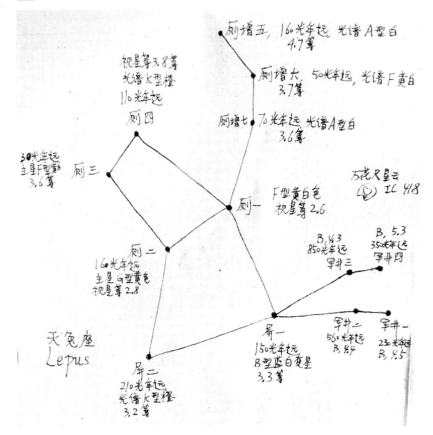

廁增五, 160光年远, 光谱A型白 4.7筹

廁增六, 50光年远, 光谱F黄白 3.7筹

廁增七, 70光年远, 光谱A型白 3.6筹

視星等3.8等 光谱K型橙 110光年远 廁四

30光年远 主星F型黄翰 3.6筹 廁三

廁一 F型黄白色 視星等2.6

万花尺星云 IC 418

廁二 16光年远 主星G型黄色 視星等2.8

B, 4.3 850光年远 宇井三

B, 5.3 350光年远 宇井四

天兔座 Lepus

厈一 150光年远 B型蓝白变星 3.3等

宇井二 560光年远 B, 4.4

宇井一 230光年远 B, 4.5

厈二 210光年远 光谱K型橙 3.2等

接著看看天鴿座，在全天 88 個星座中，天鴿座面積排行第 54 位。

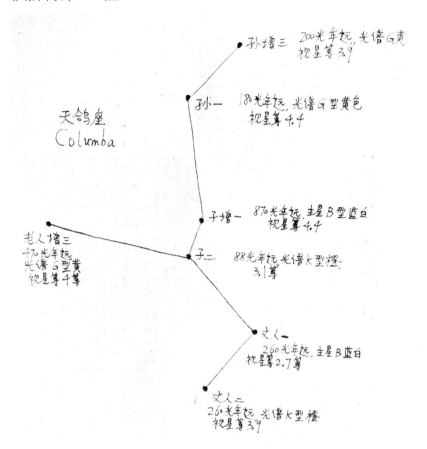

天鴿座
Columba

孫增三 200光年遠，光譜G黃
祝星等3.9

孫一 180光年遠，光譜G型黃色
祝星等4.4

子增一 87光年遠，主星B型藍白
祝星等4.4

子二 88光年遠，光譜K型橙
3.1等

老人增三
87光年遠
光譜G型黃
祝星等千等

丈人一
260光年遠，主星B藍白
祝星等2.7等

丈人二
260光年遠，光譜K型橙
祝星等3.9

60 星際帆船天體

　　這一節，就來深入探討一下羅盤座、船帆座、船底座和船尾座當中的著名天體。那麼其實呢，這四個星座原本是組合成**南船座**的，只是在 18 世紀的時候被拆開了而已。因此，這四個星座組合成了一艘星際的**巨型帆船**。我們先來看看羅盤座，在全天 88 個星座當中，**羅盤座**的面積排行第 65 位，是一個面積比較小而且裏面的天體比較暗的星座。

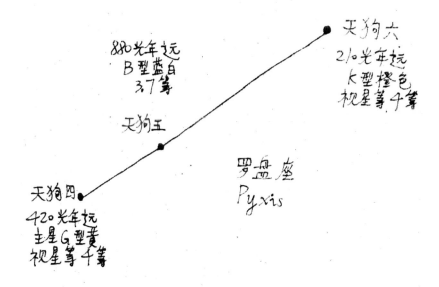

接著看看船帆座。在全天 88 個星座當中，**船帆座**的面積排行第 32 位，下面來看看船帆座中的著名亮星。

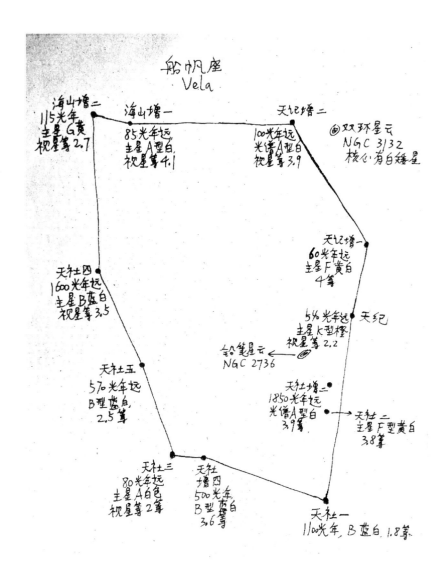

再看看船底座，在全天 88 個星座當中，船底座的

面積排行第 34 位。裏面有著名的**老人星**，是顆非常著名的恒星，也被稱爲船底座 α 星、壽星或者是**南極仙翁**，它的代號爲 α　Car，老人星距離地球大概有 310 光年，是一顆恒星光譜爲 F 型的黃白色恒星，它的視星等爲 −0.7 等，在星空當中，是第二亮的恒星。

老人星表面的溫度高達 7000 多攝氏度，質量是太陽的 10 倍左右。在中國古代，老人星代表著長壽、吉祥和福氣，象徵如意吉祥，天下太平，國泰民安，同時代表**對未來充滿希望**。

裏面還有著名的**船底座大星雲**，距地球大概有 9000 光年，是一個非常美麗漂亮的星雲，是恒星滅亡時候的浩大閉幕儀式的產物，同時也是銀河系內部一個巨大的**氫電離區**。船底座大星雲當中著名的恒星就是海山二了，未來可能演變爲**超新星**。

哈勃太空望遠鏡曾經拍攝過船底座大星雲，可謂非常的美麗壯觀，讓我們得以見證恒星的誕生。

船底座大星云
NGc. 3372

海石增四，G型黄色变星，3.9等

海山三，95光年远，主星K橙，3.8等

V520

海山一，光谱F型黄白，3.8等

南船三
450光年
2.7等，光谱B型白

南船二
B蓝白
2.7

南船一，660光年远，主星K橙，3.4等

南船四
340光年远
光谱B蓝白
3.3等

海石二，760光年远，光谱A型白，2.2等

海石增一，450光年远
B型蓝白3.4等

南船五
110光年，光谱A型白
视星等1.7

V343，B型蓝白3.3等

海石一
630光年远
主星K橙色
视星等2.2

船底座
Carina

老人星
310光年远
F型黄白
-0.7等

230

接著看看**船尾座**，在全天 88 個星座中，船尾座面積排行第 20 位。

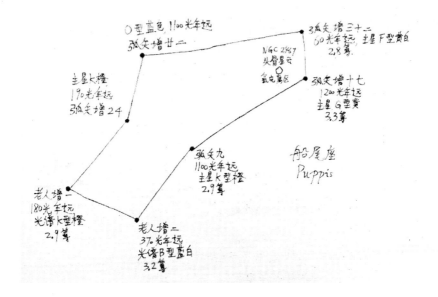

O型藍色, 1100光年遠
弧矢增廿二

3弧矢增三十二
60光年遠, 主星F型黃白
2.8等

NGC 2467
反射星雲
氫電離區

主星K橙
190光年遠
弧矢增24

3弧矢增十七
1200光年遠
主星G型黃
3.3等

弧矢九
1100光年遠
主星K型橙
2.9等

船尾座
Puppis

老人增一
180光年遠
光譜K型橙
2.9等

老人增二
370光年遠
光譜B型藍白
3.2等

61 巨爵烏鴉唧筒

首先來看看 **巨爵座**，在全天 88 個星座當中，巨爵座的面積排行第 53 位，是個較暗的星座，像個酒杯的形狀。

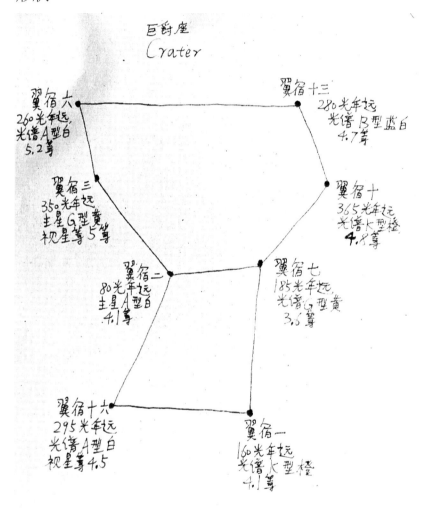

巨爵座
Crater

翼宿六
260光年遠
光譜A型白
5.2等

翼宿十三
280光年遠
光譜B型藍白
4.7等

翼宿三
350光年遠
主星G型黃
視星等5等

翼宿十
365光年遠
光譜K型橙
4.8等

翼宿二
80光年遠
主星A型白
4.1等

翼宿七
185光年遠
光譜G型黃
3.6等

翼宿十六
295光年遠
光譜A型白
視星等4.5

翼宿一
160光年遠
光譜K型橙
4.1等

接著看看**烏鴉座**，在全天 88 個星座中，烏鴉座面積排行第 70 位。

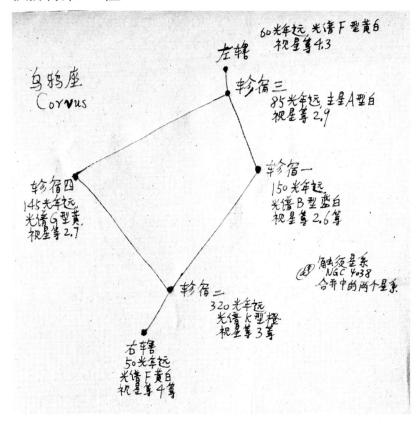

烏鴉座
Corvus

左轄
60光年远,光譜F型黃白
視星等4.3

軫宿三
85光年远,主星A型白
視星等2.9

軫宿一
150光年远
光譜B型蓝白
視星等2.6等

軫宿四
145光年远,
光譜G型黃
視星等2.7

軫宿二
320光年远
光譜K型橙
視星等3等

右轄
50光年远,
光譜F型黃白
視星等4等

觸須星系
NGC 4038
合并中的两个星系

唧筒座，在全天 88 個星座當中，**唧筒座**面積排行 62 位。

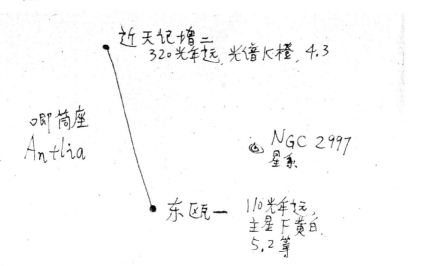

唧筒座
Antlia

近天记增二
320光年远，光谱K橙，4.3

NGC 2997
星系

东瓯一 110光年远
主星F黄白
5.2等

62 半人南十豺狼

　　首先來看看半人馬座，北半球部分地方是不能看到這個星座的。這個星座裏面有著名的 **南門二恆星系統**，又稱爲半人馬座 α，距離地球僅僅只有 4.4 光年，是距離太陽系最近的三體系統。如果把南門二恆星系統當中的三顆恆星比喻成三個人，那麼半人馬座α星 A 與半人馬座 α 星 B 就是在籃球場上面互相單挑的兩個球員，而半人馬座 α 星 C 也就是 **比鄰星**，就是時不時從籃球場外面進來巡視的人。（所以，半人馬座 α 恆星系統幷不會出現三體小說裏面所叙述的那種亂紀元）比鄰星的色球層是非常活躍的，有時候會發生大規模 **耀斑爆發**，亮度發生顯著的變化。

　　在半人馬座，有著名的 **半人馬座歐米伽星團**，代號 NGC 5139，距離地球大概有 16000 光年那麼遠。直徑有 600 光年那麼大，在歐米伽星團的內部，含有大概幾百萬顆恆星，內部含有黃巨星、紅巨星以及藍巨星，甚至還有 **雙星系統**。一般來說呢，使用的天文望遠鏡的倍數越高，就能够分辨出內部越多的恆星，可以說是非常的 **美麗壯觀** 的。

　　此外還有半人馬座 A **漢堡星系**，距離地球大概有 1600 萬光年，是距離我們最近的活躍星系。在內部，含有大量的藍色年輕恆星，而且是一個很强的 **電磁波發射源**，有可能是兩個星系合幷的產物，而且內部核心位置很可能存在著 **超大質量黑洞**。

此外旁邊還有**南十字座**，在全天 88 個星座當中，南十字座的面積排行第 88 位，是面積最小的星座。

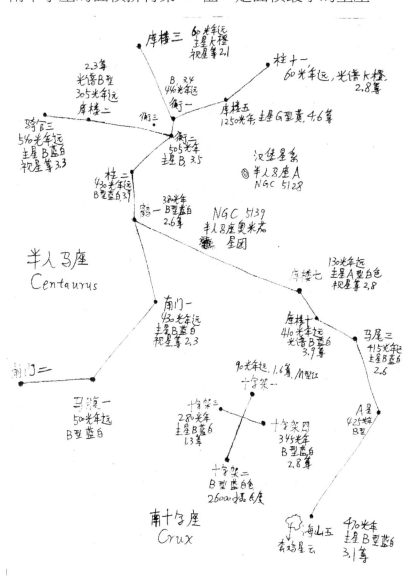

再看看豺狼座，在全天 88 個星座當中，**豺狼座**的面積排行第 46 位，內部的天體都是比較暗的。

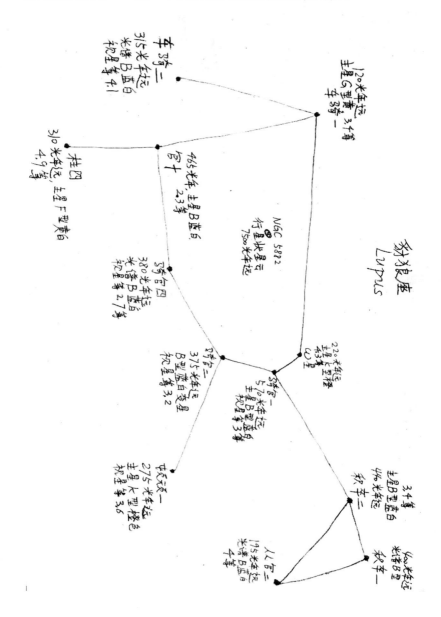

63 圓規矩尺南三

在全天 88 個星座中，**圓規座**面積排行 85 位。而**矩尺座**的面積，則排行第 74 位。**南三角座**的面積排行第 83 位。

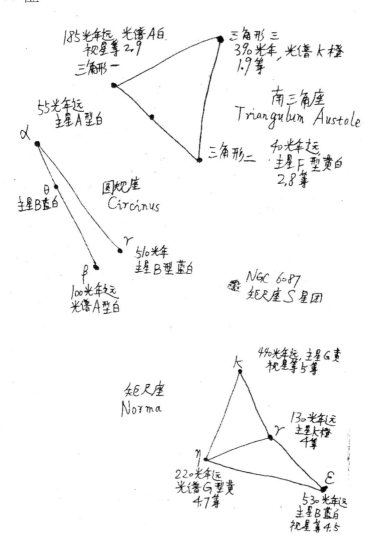

185光年遠，光譜A白
視星等2.9
三角形一

三角形三
390光年，光譜K橙
1.9等

南三角座
Triangulum Austole

55光年遠
主星A型白

α

日
主星B藍白

圓規座
Circinus

三角形二

40光年遠
主星F型黃白
2.8等

γ
510光年
主星B型藍白

β
100光年遠
光譜A型白

NGC 6087
矩尺座 S 星團

矩尺座
Norma

κ
490光年遠，主星G黃
視星等5等

γ
130光年遠
主星大橙
4等

η
220光年遠
光譜G型黃
4.7等

ε
530光年遠
主星B藍白
視星等4.5

238

64 南冕盾牌望遠

　　首先來看看南冕座，在全天 88 個星座當中，南冕座的面積排行第 80 位，是一個體積比較小的星座。由于南冕座位于人馬座的旁邊，所以有的人又覺得**南冕座**，其實是人馬所用弓箭的箭袋。此外，南冕座和北冕座形成了星空當中的兩個冠冕，一南一北互相呼應，挺有趣的。旁邊還有**望遠鏡座**，在全天 88 個星座當中，望遠鏡座的面積排行第 57 位。

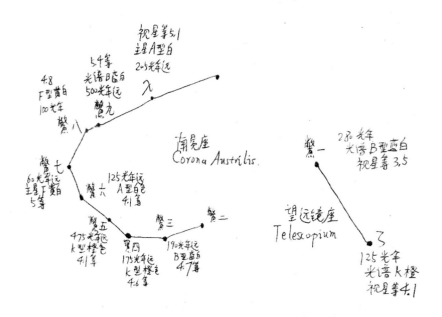

接著看看盾牌座，在全天 88 個星座當中，**盾牌座**的面積排行第 84 位，是波蘭著名天文學家約翰赫維留所命名的。

在盾牌座當中，有著名的**盾牌座 UY**，曾經被認爲是體積最大的恒星，但到 2020 年爲止，觀測到的體積最大的恒星其實是史蒂芬森 2-18，半徑是太陽的 2100 多倍，是一個**特超巨星**。

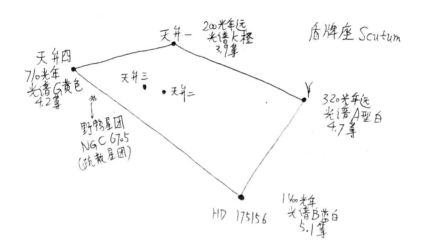

65 天壇孔雀印第

　　首先看看天壇座，在全天 88 個星座中，**天壇座**面積排行第 63 位。**孔雀座**，在全天 88 個星座中，面積排行第 44 位。印第安座，在全天 88 個星座中，面積排行第 49 位。

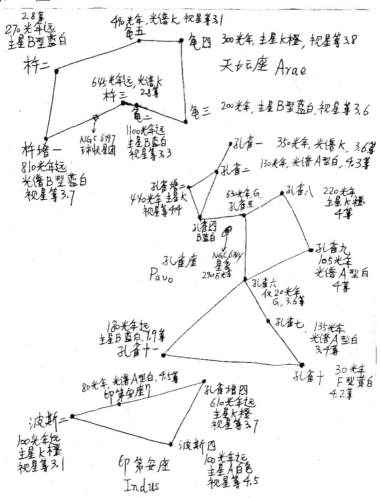

66 南極天燕蒼蠅

　　首先看看南極座，在全天 88 個星座中，**南極座**面積排行第 50 位。**天燕座**，在全天 88 個星座中，面積排行第 67 位。**蒼蠅座**，在全天 88 個星座中，面積排行第 77 位。

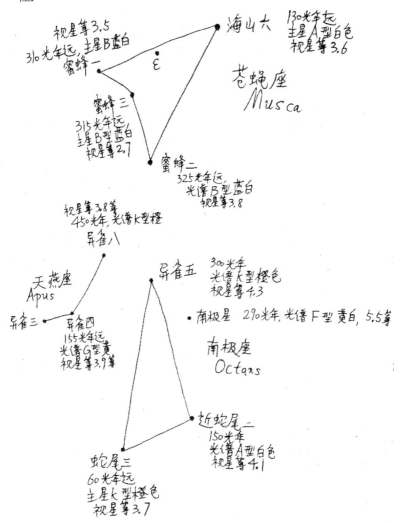

視星等3.5
310光年遠，主星B藍白
蜜蜂一

ε

海山六

130光年遠
主星A型白色
視星等3.6

蒼蠅座
Musca

蜜蜂三
315光年遠
主星B型藍白
視星等2.7

蜜蜂二
325光年遠，
光譜B型藍白
視星等3.8

視星等3.8等
450光年，光譜K型橙
異雀八

天燕座
Apus

異雀五　300光年
光譜K型橙色
視星等4.3

• 南極星　290光年，光譜F型黃白，5.5等

異雀三　異雀四
155光年遠
光譜G型黃
視星等3.9等

南極座
Octans

近蛇尾二
150光年
光譜A型白色
視星等4.1

蛇尾三
60光年遠
主星K型橙色
視星等3.7

67 飛魚山案蠅蜓

首先看看**飛魚座**，在全天 88 個星座當中，飛魚座的面積排行第 76 位。飛魚座內部有著名的**肉鈎星系**，代號 NGC 2442，距離地球大概有 5000 萬光年，有兩條巨大的旋臂，從星系的核心延伸出來，幷且呈現鈎的形狀。在旋臂上面，含有大量年輕的藍色星團。而在這個星系的周圍，還有一些比較模糊的塵埃帶。天文學家認爲，這個星系之所以扭曲得這麼厲害，是因爲曾經與另外一個星系相遇，強大萬有引力作用所導致的，看上去可謂非常美麗壯觀，有興趣的朋友可以搜索一下的。

山案座，在全天 88 個星座當中，面積排行第 75 位。山案座之所以出現，是有一段小故事的，法國天文學家拉卡伊，在 1750 到 1754 的時候，曾經在**南非開普敦**的桌案山，觀測了 4 年的南天星空。後來，他一直對桌案山山頂的那些雲霧念念不忘。于是便把這個被星雲覆蓋的星座，命名爲**山案座**。

山案座旁邊有著名的**大麥哲倫星雲**，英文名稱是 Large Magellanic Cloud，簡稱 LMC，位于劍魚座和山案座的交界位置處，幷且跨越了這兩個星座。大麥哲倫星雲的直徑，大概有銀河系的五分之一那麼大，內部的**恒星數量**，多達 200 億顆。由于大麥哲倫星雲是圍繞著銀河系公轉的，而且大麥哲倫星雲距離銀河系是比較近的，所以會受到銀河系的**潮汐引力**的作用。正是因爲這種潮汐引力的作用，讓大麥哲倫星雲的內部不斷地形成著新的恒星。一般來說，大麥哲倫星雲常年都位于**南天天頂**，又或者說是<u>南極星</u>的附近，因此通常只有<u>南半球</u>的人們才能夠看得見。而<u>蝘蜓座</u>，在全天 88 個星座當中，面積排行第 78 位。

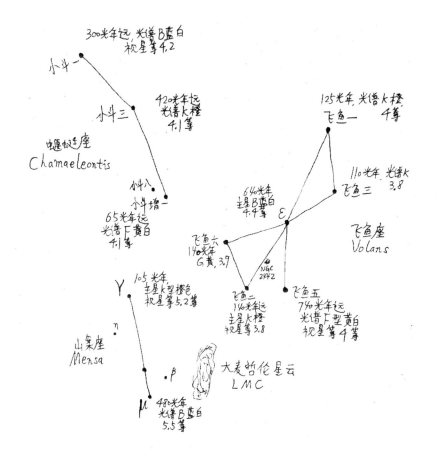

68 杜鵑水蛇天體

首先看看**杜鵑座**，在全天 88 個星座中，面積排行 48 位。

杜鵑座內部有著名的杜鵑座 47 球狀星團，代號爲 NGC 104，距離地球大概有 15000 光年，所以我們看到內部恒星的光芒已經是一萬多年之前的了，在杜鵑座 47 內部，存在著大量的紅巨星以及幾十顆的脉衝星，并有著非常明亮而且密集的核心，因此杜鵑座 47 也是全天星座當中第二亮的球狀星團，僅次于半人馬座的**歐米茄星團**，但這個星團只在南半球能看得見。

接著看看水蛇座當中的著名天體，在全天 88 個星座中，水蛇座的面積排行第 61 位，**水蛇座**是一個接近于南天極的星座。通常去澳洲觀星才比較容易看見。

水蛇座旁邊有著名的小麥哲倫星雲，英文名稱是 Small Magellanic cloud，簡稱爲 SMC，距離地球大概有 21 萬光年那麼遠，目前，**小麥哲倫星雲**正在圍繞著銀河系公轉，內部有幾億顆恒星那麼多。天文學家認爲，小麥哲倫星雲，原來是一個**棒旋星系**，因爲受到銀河系的引力擾動而變得不規則。小麥哲倫星雲只能在南半球以及北半球的低緯度地區方可見，而且天氣要晴朗，天區沒有月亮，光污染較低才能看到。

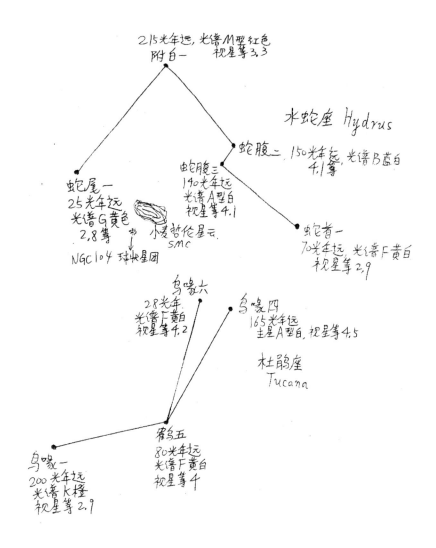

215光年远, 光谱M型红色
附白一   视星等3.3

水蛇座 Hydrus

蛇腹二 150光年远, 光谱B蓝白
        4.1等

蛇腹三
140光年远
光谱A型白
视星等4.1

蛇屋一
25光年远
光谱G黄色
2.8等

小麦哲伦星云
SMC

蛇首一
70光年远, 光谱F黄白
视星等2.9

NGC104 球状星团

鸟喙六
28光年
光谱F黄白
视星等4.2

鸟喙四
165光年远
主星A型白, 视星等4.5

杜鹃座
Tucana

鸟喙五
80光年远
光谱F黄白
视星等4

鸟喙一
200光年远
光谱K橙
视星等2.9

69 天鶴南魚顯微

先看看天鶴座，面積排行第 45 位。天鶴座有一個代號爲 NGC 7424 的著名漩渦星系，這個星系跟銀河系可謂非常類似，在星系的內部，有著巨大的核心以及華麗的**蜿蜒旋臂**，它距離地球大概有 4000 萬光年那麼遠，直徑大概有 10 萬光年那麼大，周圍分布著許多明亮的星團，那麼這些星團的直徑，有好幾百光年那麼大，在星系中有不少的**超新星**。

我們再來看看南魚座，在每年的 8 月，北緯 55 度以南的大部分地區，都可以看見完整的**南魚座**，在南魚座，有一顆著名的恒星，名字叫做**北落師門**，也被叫做南魚座 α 星，是一顆恒星光譜爲 A3 型的白色恒星，距離地球大概僅僅只 25 光年，它的直徑大概是太陽的 1.8 倍，質量大概是太陽的 1.9 倍，視星等大概只有 1.16 等。在中國古代，**北落師門**是秋季南天星空中爲數不多的亮星，所以受到很大的重視。

2008 年，天文學家保羅卡拉斯發現有一顆行星正在圍繞著北落師門公轉，并把它命名爲**北落師門 b**，這顆行星距離北落師門最近的時候，大概有 46 億公里，而最遠的時候距離北落師門大概有 430 億公里那麼遠，如此巨大的**偏心率**，導致北落師門 b 圍繞北落師門公轉一圈，大概需要 2000 年的時間。

北落師門 b 這顆行星的質量，很有可能是木星的 3 倍那麼大。2013 年，天文學家通過**哈勃天文望遠鏡**研究發現，正是因爲北落師門 b 的萬有引力的影響，才形成了北落師門恒星系統當中著名的**塵埃環**。塵埃環的範圍可謂非常大，如果用太陽系的小行星帶，跟這個塵埃環去比就不值一提。

如果有外星生物生存在<u>北落師門 b</u> 這顆行星上，它們在星球的表面，將會看到天空當中發著耀眼光芒的北落師門前方，會有一層厚實的**塵埃霧氣**，而且這些外星生物爲了躲避隕石和星際塵埃的襲擊，也不得不深居于地下，并且不停地忍受著轟轟隆隆的星際隕石和塵埃碎片的低頻撞擊聲。

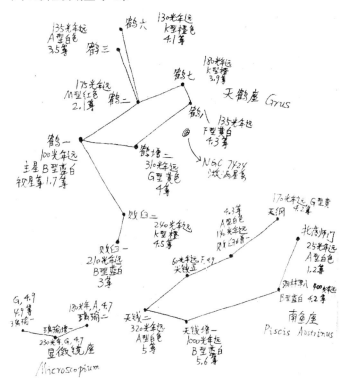

最後還有**顯微鏡座**，在全天 88 個星座中，顯微鏡座面積排行 66 位，顯微鏡座是一個比較黯淡的星座。

70 時鐘鳳凰玉夫

　　先來看看時鐘座，在全天 88 個星座當中，時鐘座的面積排行第 58 位。**時鐘座**是法國天文學家拉卡伊劃定的，用來紀念擺鐘的發明人**惠更斯**。再來看看鳳凰座，在全天 88 個星座當中，鳳凰座的面積排行第 37 位。在這裏，**鳳凰座**當中的鳳凰實際上指代的是不死鳥，又被稱爲**菲尼克斯**，通常來說呢，只有在南半球以及北緯的低緯度地區才能够看得見這個鳳凰座，在鳳凰座當中，最明亮的恒星，就是著名的**火鳥六**了。

　　再來看看玉夫座。玉夫座當中的亮星幷不多，但是有一個著名的星系，看上去很像是一個車輪，名字叫做**車輪星系**，代號爲 ESO 350-40，它距離地球大概有 5 億光年。天文學家認爲，這個星系之所以會變成車輪的形狀，是因爲在很久很久以前星系的碰撞所導致的。車輪星系，有著一個非常明亮的核心，稍微外一點有一個內環，還有更外的**星暴環**，這個星暴環的內部，形成了不少新的恒星以及**氫電離區域**，大量的年輕恒星發出耀眼的白色光芒。而外環的旋轉速度呢，可能達到了 250 公里每秒，還在不斷地往外膨脹當中，可謂宏偉壯觀，有興趣的朋友可以去搜索下。

　　還有代號爲 NGC 253 的星系，側向我們地球，距離地球大概有一千萬光年那麼遠，在晴朗而且沒有什麼光污染的**南半球**夜空中，使用口徑比較大的雙筒望遠鏡就能够看得見。

玉夫座，還有一個代號爲 NGC 300 的星系，是由澳大利亞天文學家詹姆士丹露帕在 1826 年發現的，著名的**斯皮策空間望遠鏡**，發現這個漩渦星系，有波長爲 8 微米和 12 微米的強烈電磁輻射，說明瞭這個漩渦星系當中可能含有大量的碳，這是形成**有機生命體**的一種重要的元素之一。哈勃太空望遠鏡就曾經拍攝過這個星系，看上去就如同是沙漠當中的一片綠洲，半徑可能有 7500 光年，有個緻密的**星系核**。

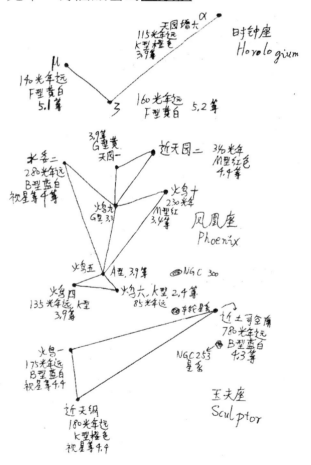

71 繪架劍魚網罟

先來看看繪架座。繪架座這個星座，是著名天文學家拉卡伊在 1752 年命名的，是一個比較黯淡的星座。再來看看**劍魚座**，在全天 88 個星座中，面積排行第 72 位。

最後是網罟座。網罟座當中比較著名的天體是網罟座 ζ 雙星系統，在這個雙星系統的內部，有一顆著名的行星，叫做澤塔星球，這個**澤塔星球**距離地球大概有 39 光年，部分外星文明研究人員認爲，羅斯威爾事件的外星人，其實來源于這個澤塔星球，并認爲這個星球是小灰人的故鄉。

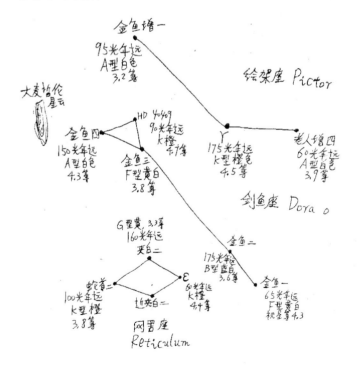

72 波江雕具天爐

在這一節，我們就來探討一下波江座、雕具座和天爐座當中的著名天體，從而完成我們全天 88 個星座的旅程。我們先來看看**波江座**，在全天 88 個星座當中，波江座的面積排行第 6 位，是一個面積比較大的星座。最明亮的是最南端的水委一。

水委一的自轉非常快，赤道附近的自轉綫速度大概為 250 公里每秒，所以，是目前銀河系內部已知最扁的球狀天體，它就像是一個藍色的**巨型橄欖球**，水委一的赤道的直徑大概是兩極直徑的 1.6 倍，所以表面的溫度變化也非常大，兩極的溫度可能超過兩萬攝氏度，但是赤道地區可能只有一萬攝氏度。

在波江座，還有著名的**天苑四**，是一顆恒星光譜為 K2 型的橙色恒星，視星等大概為 3.7 等，距離地球大概只有 10 光年，是距離地球**第三近的恒星系統**，第一近的是半人馬座 α 恒星系統，第二近的是巴納德恒星系統，第三近的就是這個天苑四恒星系統了。因此，天苑四就被大量的科幻小說運用，并且作為人類開拓宇宙的**重要中轉站**。天文學家認為，很有可能存在著行星以及小行星帶環繞著天苑四這顆恒星公轉，好比如，一顆名字叫做天苑四 b 的行星，就以一個橢圓軌道圍繞著天苑四這顆恒星公轉，公轉一圈需要 2500 天的時間。而且，擁有兩個岩石小行星帶以及一個外層環狀冰帶，共同形成**三重環帶系統**。

雕具座，在全天 88 個星座當中，雕具座面積排行第 81 位，是個比較小的星座。天爐座則有比較著名的天爐座 A 和 B 的橢圓星系，還有一個代號爲 NGC 1365 的棒旋星系。

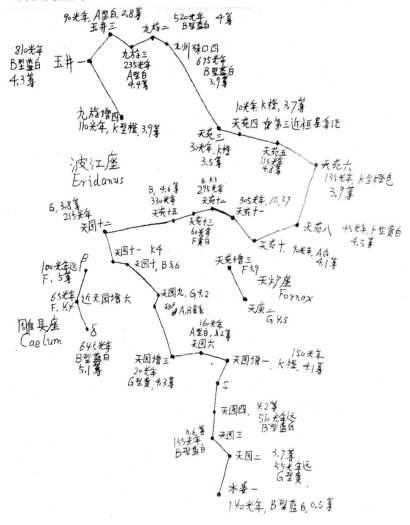

253

73 紫微垣的星宿

終于把全天 88 個星座全部都畫完了，如果對天文學和宇宙學沒有興趣的話，確實是很難堅持下來的。而之所以要把全部星座畫完，是爲了讓日後探討更深入的**宇宙學理論**打下堅實基礎。那麼第一季的最後幾章呢，就來探討一下星宿的名稱。

首先，天上星宿的中文名稱，其實是中國古代神話和天文學結合的産物，在中國古代，把星空劃分爲**三垣二十八宿**，把星空想像爲一個龐大的世界，有人有建築有生物還有各種各樣的物品，而天上星宿的中文名稱，其實就是這麼來的。那麼這一節就先來深入探討一下三垣當中著名的**紫微垣**。

首先我們來看看這整個紫微垣，在中國古代，認爲紫垣是天帝居住地方，所以凡是預測帝王的家事，便去觀測這區域。

我們先從位于勾陳內部的**天皇大帝**開始說起，我們可以發現，在天皇大帝的周圍，有一個彎鈎狀的勾陳環繞著這個天皇大帝，其實這個**勾陳**就代表了黃帝的後宮，或者是天帝的正妃，可謂非常的形象。再來看看勾陳下方的**北極**，北極有五個比較明亮的星，分別有太子、帝、庶子、後宮和天樞五星，在太子的旁邊，有**天床**，是天子的睡床，而在天樞的旁邊，是**四輔**，代表古代天子左右的四個輔助之臣，然後在四輔的下面，是大理和陰德，**大理**是負責審訊的法官，**陰德**指代帝王後宮事務，然後在四輔的右邊，有**六甲**，指的是天干地支當中的甲子、甲戌、甲申、甲午、甲辰和甲寅，可謂非常之有趣。

然後呢，我們再來看看勾陳左方的**天柱**，這是天帝張貼政令的地方，在旁邊，是**禦女**，指的是宮內的侍女，然後是**女史**，負責的王后禮儀，還有**柱史**，負責記載歷史，下面還有**尚書**，掌管文書和章奏。然後，我們再來看看勾陳右方的**五帝內座**，指的是古代神話當中的天上五個方向的帝王，地位僅次于天皇大帝，它們分別是：東方蒼帝靈威仰、南方赤帝赤熛怒、西方白帝招拒、北方黑帝汁光紀，還有中央黃帝含樞紐。而在這個五帝內座的上方呢，則是華蓋和杠，**華蓋**是帝王所使用的傘形的遮蔽物，就是類似于今天的雨傘吧！然後**杠**就是這個雨傘的柄，這麼一說可能有人就想：哦原來這樣遮風避雨啊！

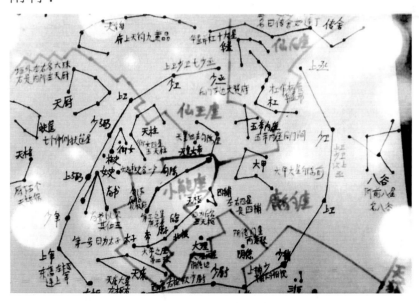

那麼接下來，在華蓋和杠的上方，是**傳舍**，意思就是古代迎賓的處所。這個傳舍呢，位于兩條皇宮圍墻的外面，然後細心的人就會發現，左邊的皇宮圍墻，從少丞一直連接到左樞，而右邊的皇宮圍墻呢，則從上丞一直連接到右樞，在左邊的皇宮圍墻的外面，還有**天厨**，是爲一般官員而設置的厨房，在天厨的左下還有**天桔**，是用來打谷的農器。而在右邊的皇宮圍墻的外面呢，則有**八谷**，八穀指代的是稻、黍、大麥、小麥、大豆、小豆、栗和麻，同時這裏也有管理土地的官員。我們再來看看右邊的皇宮圍墻的下方，大概是少輔的位置，有三師。

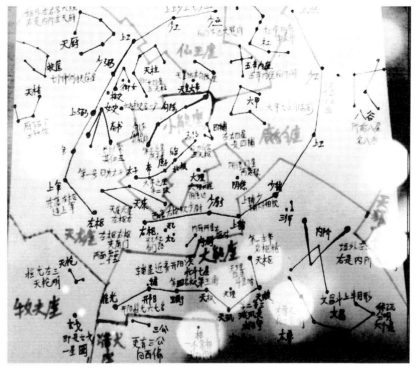

三師指的是太師、太傅和太保，在**三師**的右邊，有

<u>內階</u>，其實是連接紫微宮與文昌宮的天梯，那麼下面的<u>文昌</u>呢，指的是六個部門，分別爲上將、次將、貴相、司命、司中和司祿。在右邊的皇宮圍牆的下方，大概是少尉的位置附近，有<u>內厨</u>。

內厨是爲後宮而設置的厨房，在<u>內厨</u>的左邊，還有天乙和太乙，在古代神話傳說當中，天乙和太乙是三神當中的兩個，三神當中，太乙爲尊，天乙次之，地乙最後。再來看看位于右邊皇宮圍牆下方的北斗，也就是著名的<u>北斗七星</u>的所在地。

北斗七星由七顆星組成，我們先從最上面的天樞星開始看，<u>天樞</u>指代七星的樞紐，然後是<u>天璇</u>，指的是美麗的玉石，然後是<u>天璣</u>，指的是耀眼的寶珠，然後是<u>天權和玉衡</u>，指代權衡輕重，然後是<u>開陽</u>，有開陽氣之意，最後是<u>搖光</u>，是搖出光芒的意思。相關星體的具體亮度和距離，可參見第 43 章。

在開陽星的旁邊，還有一顆叫做輔的星，指代輔助北斗的大臣。然後在北斗的斗裏面，承載著<u>天理</u>，指代執法官，同時也可以看作是監禁貴族的牢獄。（天理剛好放在了勺子裏面）

然後在北斗七星的下方，有<u>太陽守</u>，屬大臣或者大將軍，在左邊，有<u>宰相</u>，再往左邊，就是<u>三公</u>，分別是太尉、司徒和司空，再往左邊，就是<u>玄戈</u>，是一種武器。而玄戈的上方，就是<u>天槍</u>，也是守衛紫微垣的武器。如此看來，整個紫微垣的星宿，就是一個龐大的皇宮。那麼這些星宿呢，其實也有對應的星座的，好比如北極五星就位于**小熊座**，北斗七星就位于**大熊座**，天乙、太乙、陰德、女史、柱史等的星宿都位于**天龍座**，天皇大帝位于**仙王座**，而華蓋和杠呢，則位于**仙后座**等等。由此我們可以看出中西方對于星宿的理解是不一樣的，所想像的形象也是不太一樣的。那麼下一節就探討一下**太微垣**的星宿。

74 太微垣的星宿

首先，太微垣的太微，指的是**官府宮殿**，內部的星宿大部分都位于獅子座、室女座和後發座。先從位于太微垣星圖當中的**五帝座**開始說起。在五帝座的下方，我們可以看到**內屏**，其實指的是官府宮殿或者諸侯家中的屏風，然後在右下方，可以看見**明堂**，是禮制建築，是帝王宣明政教的地方，在明堂的右上方是**靈台**，指的是觀天象的天文臺。再往右是**長垣**，指的是邊境城墙，在長垣上方是**少微**，指一般官員。

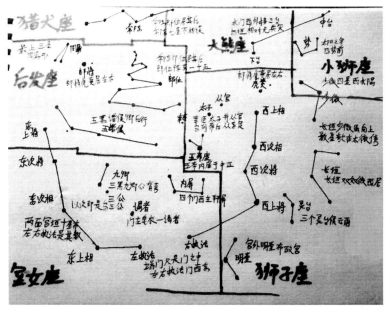

然後，再來看看五帝座的上方，首先我們看到**幸臣**，指的是受到帝王寵幸的大臣，然後旁邊是**太子**，就是帝王的兒子了咯，然後右邊是**從官**，指的是能够親近皇帝或者是天子的侍從，然後是**虎賁**，虎賁指的是官府宮殿當中護衛部隊的將領，然後在上面，是**三台**，分別有上

中下三台，有的人認爲這是天帝上下宮廷所使用的天梯，甚至有的人認爲這指代的是古代從天子到庶民的三個社會階級。在三台的左邊是**常陳**，指禁衛軍或者禦林軍，在常陳的左下方，可以看到**郎將**，這是高級武官，右邊是**郎位**，負責管理雜事。

然後在郎將和郎位的下方是**五諸侯**，分別是帝師、帝友、三公、博士和太史，再下面就是**三公九卿**，**三公**，指的是太尉、司徒和司空，而**九卿**指代的是九個高級的官員。在下面還有**謁者**，指負責接見賓客或者奉命出差的官員。

然後我們可以看到這個官府宮殿，也是有兩道比較長的圍墻圍繞著，分別是**太微左垣和太微右垣**，太微左垣主要有五個星宿，分別是左執法、東上相、東次相、東次將和東上將，而太微右垣主要也是有五個星宿，分別是右執法、西上將、西次將、西次相、西上相，形成一種**守護宮殿**的架構。

內部星宿其實也位于一些之前手繪過的星座中，好比如五帝座位于**獅子座**當中，三公九卿就位于**室女座**當中，五諸侯就位于**後發座**當中，可看出中西方對于星宿的不同理解。

由此可見，太微垣和紫微垣有著异曲同工之妙，不過太微垣相對于紫微垣確實要遜色一些，而且呢，**太微垣**的星官也顯得沒有**紫微垣**那麼多。在這裏，如果說紫微垣是**皇宮朝廷**，那麼太微垣，可能就是**諸侯國的宮殿**，可謂非常有趣。

75 天市垣的星宿

首先，天市垣的**天市**，指的是天上的市場，象徵著繁華的街市，內部的星宿大部分都位于武仙座、巨蛇座和蛇夫座。首先，我們先從位于天市垣星圖當中的**帝座**開始說起。帝座，指的是**天皇大帝**，現在天皇大帝要來視察市場了。

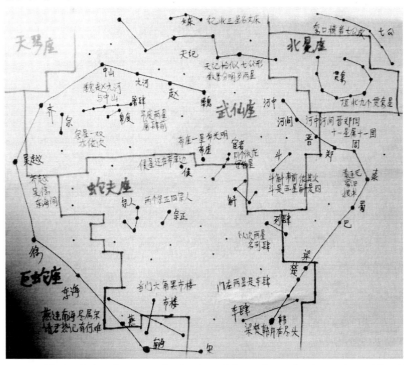

首先我們來看看**帝座**的左邊，有一個候，**候**，指的是觀察天象的官員，然後在左上方，是**帛度**，指的是賣布匹的市場，在這個市場當中，使用平衡秤來度量，來確保公平交易的實現。在帛度的上方，是**屠肆**，指的是屠宰牲畜的市場，在它們的左邊還有**宗**，指的是執政的皇宮貴族。

在帝座的右邊，是**宦者**，指的是侍候皇帝的太監，然後右下方，是**斛**，是用來稱量固體的器具，一般都是大米或者豆類等食物，然後在斛的右上方是斗，是用來稱量酒水的器具。然後在左下方，是**宗人**，根據古代的宗法制度，代表著皇帝的大宗，而旁邊的**宗正**呢，則是代表著皇帝的小宗。在宗正的右邊，就是**列肆**，指的是賣寶玉和珍品的市場。然後在宗人、宗正和列肆的下方，是**市樓**，市樓的意思，指的并不是市場的大樓，而是管理市場的機構，在這裏，主管著市場的價格、法規和貨幣流通。然後在右邊，是**車肆**，指的是百貨市場，這裏可謂應有盡有，售賣著各種各樣的物品。

明顯這個天上集市也是由**左右兩道城墻**圍在了一起，而且城墻上面的星宿被分別命名為各種各樣不同的國家。而在整個市場的上方，還有**天紀**，指的是記錄牲畜年齡的官員，再上面，是**女床**，指的是雀鳥的市場，也有的人認為，女床其實指的是一座山。在它們的右邊，還有**貫索**，指的是繩索的市場，而在貫索的上方則是**七公**，指代七位高級官員。而內部星宿其實也位于一些之前所畫過的星座中，好比如帝座就位于**武仙座**當中，宗正和宗人就位于**蛇夫座**當中，貫索就位于**北冕座**當中等等，可看出中西方對星宿的不同理解。

262

76 東方蒼龍星宿

東方蒼龍七宿，是中國古代人們用來確定季節的重要星座之一。在每年農曆二月前後，太陽落山後，東方蒼龍七宿當中的**角宿**，就會出現在東方的地平綫上面，于是人們就知道春天馬上要來了，農民是時候要播種了。在北方有一句諺語叫做：二月二，**龍抬頭**，大倉滿，小倉流。這裏，龍抬頭說的就是這。傳說中的龍從沉睡中醒來，履行降雨的職責。

東方蒼龍，包含了角，亢，氐，房，心，尾，箕這七個星宿，對應了**東方蒼龍**的每一個部位。首先我們先從**角宿**開始說起，角宿，指的是龍頭上面的兩隻角。先從**平道**開始說起，平道指的是修路的官員，平道的右邊，是**進賢**，指的是向皇帝舉薦賢才，在上面有**天田**，指的是天子的田地。然後，我們再來看看平道的下方，首先是**天門**，指的是黃道上面的門，然後是**平**，指的是大法官，再往下就是**柱**，而且有好幾對，是支撐庫樓用的天柱，然後這個**庫樓**，是武器庫的意思，在庫樓當中，有**衡**，是士兵操練的地方，可謂非常的有趣。

再來看看**亢宿**，指的是龍的頸部或者是咽喉。上方首先是**大角星**旁邊的左攝提和右攝提，他們，都是確定季節的官員。亢的下方，首先是**折威**，指的是行刑的官員，下面有**陽門**，指的是邊塞的城門。在陽門旁邊還有**頓頑**，指的是審訊的獄官。

再來看看<u>氐宿</u>，代表著龍爪，在左上方，有<u>天乳</u>，指的是太子的媽媽，或者是帝王奶媽，然後再往上，在大角星的左上方，是<u>梗河</u>，指的是矛和盾，右邊是<u>帝席</u>，指的是皇帝宴會的時候用的座席，再往上是<u>招搖</u>，指手拿矛盾的敵人。

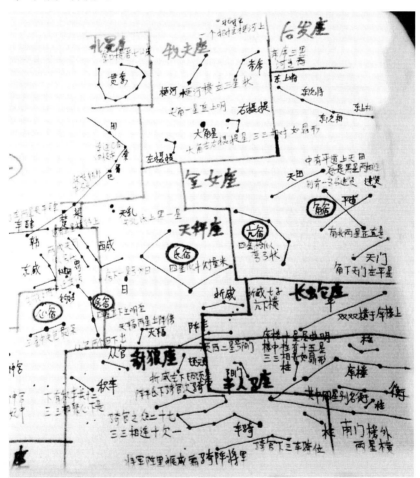

　　再來看看氐宿下方有<u>天輻</u>，指的是管理車輛的官員，右邊有<u>陣車</u>，指的是戰車，在天輻和陣車的下方，有<u>騎官</u>，指的是皇帝的侍衛，再往下有<u>騎陣將軍</u>，負責戰車

及騎兵。

我們可以想像這個地方，可能是邊疆地區的戰場。

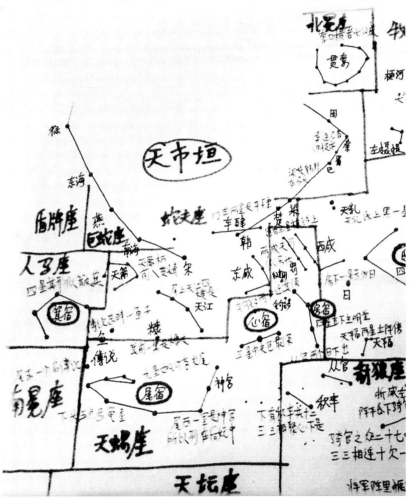

再看看**房宿**，代表著龍的肚子，在房的上方，是**西鹹**，指的是房宿的大門，西鹹的左邊，有**罰**，指的是使用財物來贖罪，在罰的下方，有**鍵閉**，指的是門的鎖，再往下是**鈎鈐**，指代房宿的鑰匙，用來開門的。在房的下方是**從官**，指軍隊的醫生。可以想像這個地方可能是邊疆地區的小醫院。

再來看看**心宿**，指的是蒼龍的心臟，有三顆重要的星，在中國古代，分別指代太子、君王和庶子，太子統領前軍，君王統領中軍，庶子統領後軍，一共有三個軍隊。在下方，有積卒，指的也是軍隊。再來看看**尾宿**，指的是蒼龍的尾巴，在上面，有一顆叫做**神宮**的星，指的是更衣室，在左上方，有**傳說**，是中國古代一位著名的政治家、軍事家和建築學家（殷商時期）。在旁邊，還有**魚**，在游泳當中，可謂是非常的有趣。

我們可以想像這個地方可能是一個能够游泳的湖。

最後再看看**箕宿**，指的是龍尾擺動所引發的旋風。

總體來看，東方蒼龍七宿也是挺有趣的，而內部的星宿，其實也位于一些我們之前所談到過的星座當中，好比如，心宿一位于**天蝎座**當中，大角星位于**牧夫座**當中，可看出中西方對星宿的不同理解。有關星座的具體星體，可參見前面的章節。

那麼在下一節中，就來探討一下北方玄武的星宿。

77 北方玄武星宿

　　首先，玄武是一種龜蛇的混合體，可以說是集合了龜的基因和蛇的基因的一種**半龜半蛇**的奇怪生物，說不定在宇宙的某個角落的恒星系統當中，就生存著這樣子的一種生物，這種生物，繁殖能力強，而且也很長壽。那**北方玄武**，可以分爲斗宿、牛宿、女宿、虛宿、危宿、室宿和壁宿七個宿。

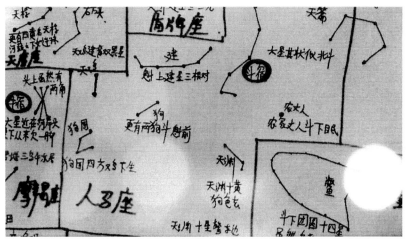

　　斗宿大部分的星體都位于**人馬座**，是北方玄武的蛇頭和蛇身的部位，核心區域是著名的**南斗六星**，我們先來看看斗的左邊，有**建**，意思是城墻，然後左邊是**天鶏**，指代天上的公鶏，然後下面是**狗國**，意思是狗住的國度，在右邊是狗，意思是守門的狗，在狗的右邊，是**天淵**，指代天上的深潭，在右邊，是**鱉**，指的是水魚，在鱉的上方，還有**農丈人**，指掌管農事的官員，在農丈人的上方，還有**天龠**，指的是鎖。

　　牛宿，如同牛角，摩羯座的**牛郎星**和天琴的座的**織**

<u>女星</u>就位于此宿。先看看牛宿下方的<u>羅堰</u>，指灌溉系統，然後是下方的<u>天田</u>，指天子的田地，再往下還有<u>九坎</u>，指的是九個用來灌溉的水井。再看看牛宿上方的<u>天桴</u>，指鼓槌，在上面是<u>河鼓</u>，指天軍的鼓，而在左邊和右邊，有左旗和右旗，指的都是<u>軍旗</u>。繼續往上就是<u>輦道</u>，指的是帝王馬車的路徑，再往上就是<u>漸台</u>，指的是親近水的檯子，再往上就是織女。

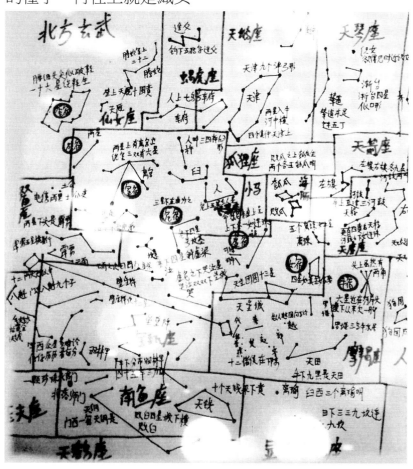

好了，接下來，我們再來看看<u>女宿</u>，指的是織布的女工，先看看上面的星體，首先是<u>離珠</u>，指的是婦女身

268

上的珠飾，然後再往上，是**敗瓜**，指的是壞掉的瓜，再往上，是**瓠瓜**，指的是一種綠白色的瓜，再往上，就是位于天鵝座的**天津**，指的是跨越銀河的超級橋梁，在天津上面，還有**奚仲**，奚仲是馬車的發明者，大大促進了古代交通運輸業的發展。

再來看看**虛宿**，其實呢，這裏的虛，指的是負責處理喪事的官員，在下面是**司祿**，指的是掌管壽命的神靈，**司命**，指的是處罰罪過的神靈，然後更下面是**天壘城**，指的是天上的防禦工事，在天壘城的左邊，有**哭泣**。接著再看看危宿。

危宿，位于玄武這只龜蛇混合體的尾部地區，在這裏，危指的是屋頂，在危的下方，有**墳墓**，在墳墓的下方，是**虛梁**，指的是空置的陵園。再來看看危宿的右上方，有人，指的是萬民百姓，在人的左上方，是**臼**，指的是裝軍糧的臼，在臼的上方，是搗鼓軍糧的棍子。繼續往上，是**車府**，指的是車庫。在車府上方是**造父**，造父是古代駕駛馬車的高手。

在危宿的左方，是**室宿**，在中國古代，認爲這個星宿的出現，代表著爲了應對冬天，要修建房子了。

室宿的室代表的是修房子，内部含有三對**離宮**，離宮代表著皇帝行宮。下方星體，首先是**雷電**，代表雷神，然後是位于雷電右下方的**壁壘陣**，代表著軍營四周圍的防禦工事。

位于壁壘陣左邊的**八魁**，代表著捕捉禽獸的網或者是官員，在八魁的右下方，是**夫鉞**，指的是刑具，在夫鉞的右邊，是**羽林軍**，代表著皇帝的近衛軍，在羽林軍的下方，是**北落師門**，指代軍營的北門，也代表著駐扎在北方的羽林軍，旁邊，還有**天綱**，指代軍營的帳篷。在室宿的左邊還有**土公吏**，指的是負責營造建築的官員。

再來看看**壁宿**，壁宿的意思是天上的圖書館，在壁

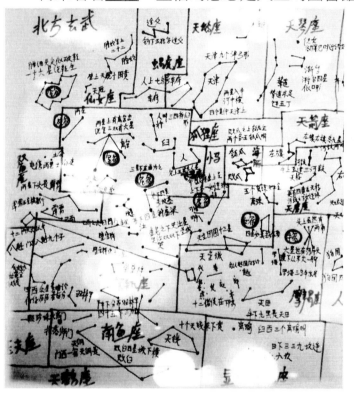

宿的下方，有**霹靂**，指的是雷電的聲音，下面是**雲雨**，在壁宿的上方，還有**天廐**，指的是管理馬房的人。

下一節就來深入探討一下西方白虎的星宿。

78 西方白虎星宿

首先，白虎是一種威猛的吉祥動物，可以說是降服怪物的一種靈獸。那麼西方白虎呢，可以分爲奎宿、婁宿、胃宿、昴宿、畢宿、觜宿和參宿七個宿。

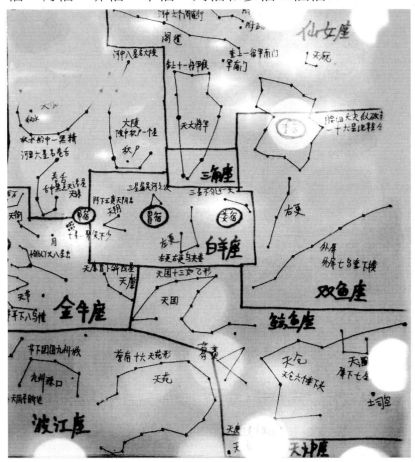

奎宿，代表著白虎的腿部，或者是天上的倉庫，然後在下方，有**外屏**，指的是廁所的屏障，而在外屏的右下方，有**天混**，指的是豬圈，繼續往下，是**土司空**，是負責土木建造的官員。我們再來看看奎宿的上方，有**軍**

南門，指的是軍營的南門，在旁邊，是**閣道**，指的是高樓之間架空的通道，再往上，還有**附路**，是指閣道的便道。接下來再來看看婁宿。

婁宿，代表著主管牧養或者聚集百姓，左邊的**左更**，是管理山林的官員，而右邊的**右更**呢，則是管理畜牧的官員。在右下方，有**天倉**，指方形的穀倉。

然後在天倉的左下方，還有**天庾**，指的是露天積穀的地方。而在婁宿的上方，則是著名的**天大將軍**，指的是在天上面的將軍。下面我們再來看看胃宿。

胃宿，在古代也象徵著天上的倉庫，囤積著糧食，所以也是一個吉祥的星宿。先來看看胃宿的下方，有**天廩**，指的是燒柴的柴房，然後在右邊，是**天囷**，指圓形的穀倉。再來看看胃宿的上方，有**大陵**，指的是陵墓，在旁邊，是**天船**，指的是天大將軍所指揮的兵船。

接著，我們來看看**昴宿**，是著名的七姐妹星團的所在地，首先在昴宿的右邊，有**天陰**，指的是山北面陰暗的地方，而在天陰的下方，有**天苑**，是皇家的牧場，在右邊，還有**芻稾**，指的是牛馬吃的乾草。

我們再來看看昴宿的上方，首先是著名的**捲舌**，形狀就如同捲曲的舌頭，而在捲舌當中，有**天讒**，那是捲舌所說出來的方言。而在昴宿的左邊，還有**礪石**，指的是磨刀用的石頭。接著我們來看看畢宿。

<u>畢宿</u>指的是用來捉兔子用的網，左邊有附耳，指的是在皇上旁邊說話的人，然後在旁邊，有天節，指的是古代出入門關所攜帶的憑證，然後在左下方，有參旗，指的是弓箭，在右下方有九州殊口，指的是翻譯人員。繼續往下是<u>九斿</u>，指皇帝的軍旗，在右邊，有<u>天園</u>，是種植蔬菜水果的地方。

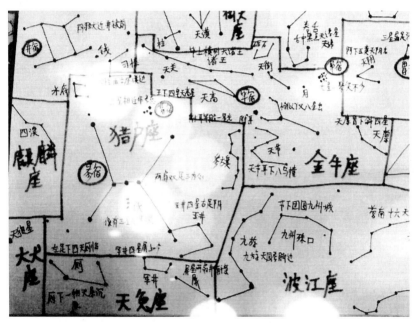

　　再看看畢宿上方的星宿，首先是天高，指的是觀測所使用的高臺，然後左邊有天關，指的是日月五星所經過的大門，在天高和天關的上方，是<u>諸王</u>，指的是皇宮貴族的侄子或者孫子。繼續往上，就是五車，指的是皇帝的五輛車，在五車的內部，有<u>咸池</u>，是傳說當中太陽沐浴的地方，然後還有好幾對的<u>柱</u>，指的是栓馬所使用的木樁，最後還有<u>天潢</u>，指的是銀河的橋梁或者渡口。

可謂非常有趣。

然後我們再來看看**觜宿**。指的是貓頭鷹頭上面的毛，在上方，有**司怪**，是傳說中主管預兆和妖怪的神靈，繼續往上有**座旗**，指代插在座位旁邊的旗子。

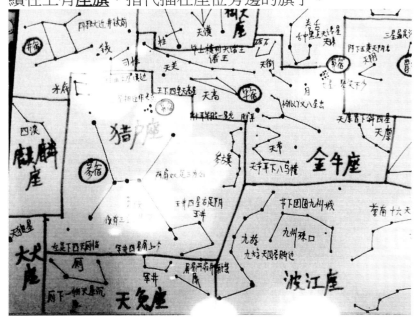

最後我們來看看<u>**參宿**</u>，這是著名的獵戶座的所在地，在參宿當中，有**伐**，指代討伐，在右下方，有**玉井**，指的是采用玉石製造的井，可謂非常的豪華。

然後在玉井的下方，有**軍井**，指的是軍隊的井，繼續往下，是**厠**，厠所的厠。在右邊，還有個**屏風**。

那麼在下一節中，就來深入探討一下南方朱雀的星宿。

79 南方朱雀星宿

　　首先，朱雀是一種非常尊貴的鳥類，據說鳳凰還要
受到朱雀的統管，朱雀比鳳凰還要厲害。那麼南方朱雀
呢，可以分為井宿、鬼宿、柳宿、星宿、張宿、翼宿和
軫宿。那麼接下來，我們先來看看井宿。

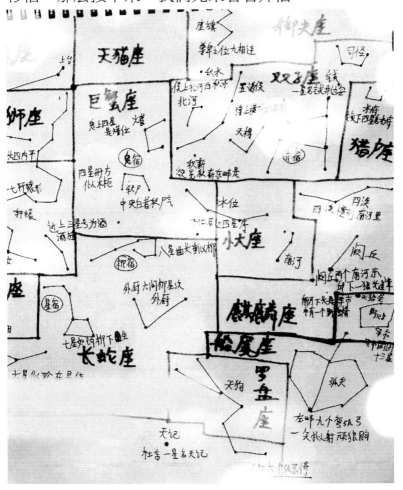

　　井宿如同一個巨大的水井，在右邊，有**鉞**，指的是

古代的一種兵器，在下面，是**水府**，指的是管理供水、灌溉或者防洪工事的官員，在水府的左下方，是**四瀆**，指的是四條巨大的河川，在四瀆的下方，是**闕丘**，指的是宮門外面的兩座小山，在闕丘的下方，有**天狼星**，是一個著名的恒星系統，代表著天上的狼，同時也代表著侵略，在下面，是**軍市**，是爲軍隊服務的市場，軍市的左下方，是**弧矢**，指的是射天狼的弓箭，在弧矢右邊，還有兒子和孫子，還有看顧這些兒子和孫子的**丈人**，指的是老人家。

然後呢，我們再來看看井宿的左邊，有**水位**，指的是量度水位高度的工具，下面是**南河**，是一條河流。好了，我們再來看看井宿的左上方，有**天樽**，指的是酒杯，左邊有**積薪**，指的是儲存起來的柴火燃料，在上面，又是**五諸侯**，分別是帝師、帝友、三公、博士和太史，可以看得出來他們應該在吃飯喝酒，至于醉了沒有，就留給大家思考了。然後上面還有**北河**，是一條河流，旁邊還有**積水**，指的是爲了釀酒而儲存的水，由此可得知，井宿是一個吃香喝辣的好地方。

先來看看鬼宿的上方，有**爟**，指的是示警用的烽火，然後在鬼宿的下方呢，有**外厨**，指的是皇宮外面的厨房，在外厨的下方，是**天狗**，指的是天上面的狗狗，在天狗的下面有**天記**，指的是檢查畜牲年齡的官員，旁邊還有**天社**，指代祭祀土地神的廟宇。

接下來，我們再來看看**柳宿**，形狀如同鳥嘴，又像垂柳，在柳宿的左上方，有**酒旗**，指的是酒館外面用來招攬顧客的旗幟。接著，我們再來看看星宿。

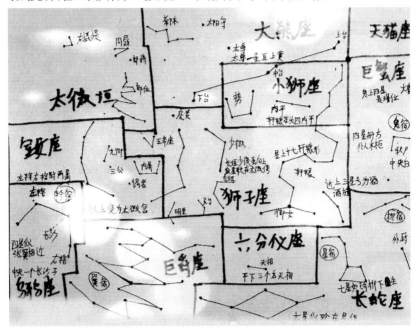

在**星宿**的左邊，是**天相**，表示老天爺的保佑，而在星宿的上方，有**軒轅**，指代黃帝，他是古代華夏部落的首領。繼續往上，還有**內平**，指的是境內各諸侯國和平安定。

張宿，位于朱雀的身體和翅膀連接的地方，有人認為，商店所說的開張大吉當中的張，就是來源于此，因為翅膀張開就意味著飛翔，意味著事業騰飛。

接著我們再來看看**翼宿**，這是朱雀的翅膀部分，有了這個翼宿，朱雀才能不斷騰飛。然後再來看看**軫宿**，指的是朱雀的尾巴部分，是用來掌控飛行的。

旁邊的**左轄和右轄**，指的都是黃帝所封的諸侯王。

在右下方，有**青丘**，指的是青翠的山丘。那麼整個南方朱雀七宿呢，大概就是這樣子了。

好了，88 個星座和三垣二十八宿全部寫完了，這一季也到此結束，下一季將會繼續探討宇宙學更加深層次的問題，能夠閱讀到這裏，說明真的很有堅持。

開拓宇宙，任重道遠，我們的征途是星辰大海~

如著名天文學家卡爾薩根博士所說：

在某個地方，有一些不可思議的事情等待著人們去瞭解。
Somewhere, something incredible is waiting to be known.

想像力常常將我們帶到從未有過的世界。
但沒有它我們就無處可去。
Imagination will often carry us to worlds that never were. But without it we go nowhere.

後記

　　本書的寫作所使用的都是業餘時間，原創手繪的時間跨度達到了三年之久，感謝一班宇宙天文愛好者朋友的支持，如果沒有興趣是很難堅持下來的，無論結果如何，盡力了就好，如有錯漏還望批評指正。

　　當無數人著眼于財富之時，有人卻在仰望著那無垠的宇宙，思考著人生：我是誰？我從哪裏來？我會到哪兒去？宇宙學跟其他學科的關係是什麼？這些都是宇宙學的深層次問題，這些問題，你都可能會在宇宙學雜談的系列閱讀當中，尋找到屬于自己的答案。

　　歡迎在往後繼續閱讀第二季，那將是個更加深奧的旅程。感謝知唐、林鴻、海斌等朋友的支持鼓勵。

　　第一季第一版　　完

　　附作者郵箱聯繫方式

kiralovebim@gmail.com　　　　wow8@163.com

本書微信號　　　　　本書 QQ 群
jimmybimhk　　　　　608278513

本書有微信交流群，可加微信獲取
請注明天文或者宇宙愛好者，謝謝
歡迎宇宙天文愛好者進群交流宇宙學知識

參考文獻與推薦書目

[1]EasyNight.天文謎的星空大發現[M].湖南科學技術出版社,2021

[2]加來道雄.超弦論[M].重慶出版社,2020

[3]余海峯.宙·天文物理時空之旅[M].花千樹出版有限公司,2019

[4]王爽.宇宙奧德賽：穿越銀河系[M].清華大學出版社,2019

[5]王爽.宇宙奧德賽：漫步太陽系[M].清華大學出版社,2018

[6]吳京平.無中生有的世界[M].北京時代華文書局,2018

[7]汪潔.億萬年的孤獨[M].北京時代華文書局,2018

[8]溫伯格.引力和宇宙學[M].高等教育出版社,2018

[9]邵華木,汪青.基礎天文學教程[M].安徽師範大學出版社,2017

[10]汪潔.時間的形狀：相對論史話[M].北京時代華文書局,2017

[11]汪潔.星空的琴弦：天文學史話[M].北京時代華文書局,2017

[12]李淼,王爽.給孩子講宇宙[M].湖南科學技術出版社,2017

[13]吳京平.柔軟的宇宙[M].北京時代華文書局,2017

[14]加來道雄.平行宇宙[M].重慶出版社,2014

[15]布萊恩·克勞斯.量子宇宙[M].重慶出版社,2013

[16]李宗偉,肖興華.天體物理學[M].高等教育出版社,2012

[17]史蒂芬·威廉·霍金.大設計[M].湖南科學技術出版社,2011

[18]史蒂芬·威廉·霍金.時間簡史[M].湖南科學技術出版社,2006

[19]劉學富.基礎天文學[M].高等教育出版社,2004

[20]俞允強.物理宇宙學講義[M].北京大學出版社,2002